# 乌鸦

[美] 博里亚·萨克斯 著 金晓宇 译
BORIA SAX
南京大学出版社

# 乌鸦
# （代序）

# CROW
# (PREFACE)

马凌[①]

① 马凌，女，文学硕士，史学博士，新闻传播学博士后。复旦大学新闻学院教授。书评人。

油亮，乌黑，巨大，绸缎般的光泽，它正低头研究着两脚之间某个闪烁着微光的物件，见我走来，兀地凝固不动。那棕褐的眼睛直直地注视着我，又像凝望着我身后的某个地方，更像已经看透了我的存在。时值正午，而午夜的寒凉沿着我的脊椎升起。对峙片刻后，它国王一样漠然转过身，毫不费力地振翅远遁，趾间抓着它的玩物，在空中划出一道亮丝。多年以前，我与一只大约60厘米长的渡鸦相遇在黄石公园的某片林间草地，那种震撼，深埋记忆。

应该是同样大小的渡鸦，在19世纪中叶的某个夜晚，降落在某年轻人书房门楣的一尊雅典娜神像上，“这不祥的古鸟”，“这幽灵般可怕的古鸦，漂泊来自夜的彼岸”，不论年轻人问它什么，它均回答：“永不复焉。”爱伦·坡的长诗《乌鸦》，塑造了西方文学史上最阴郁、最令人难忘的一只鸟，从此后，作为地狱使者的渡鸦成为哥特风格的标准配置。

乌鸦是鸦科成员，属于鸦科的鸟，还有喜鹊、松鸦、红嘴山鸦、星鸦，等等。这其中，鸦属才是我们俗说的“真正的乌鸦”，既包括渡鸦，也包括秃鼻乌鸦和寒鸦。有趣的是，如果回溯到古代，乌鸦形象远没有如此负面。人类现存最古老的史诗《吉尔伽美什史诗》的大洪水故事里，为了了解洪水是否已退，乌塔那匹兹姆从方舟上先后放出了鸽子、燕子和渡鸦，没有返回的渡鸦证明上天制造的苦难已经结束。由于乌鸦是一夫一妻制，在古埃及的象征体系中，乌鸦代表了忠诚的爱情。在古希腊，乌鸦亦为吉祥婚姻的象征。犹太律法虽然将乌鸦视为不洁的鸟类，但《旧约》里十次提到乌鸦，特别重要的是那一句：“你想乌鸦，也不种也不收，又没有仓又没有库，上帝尚且养活它。”

时下大热的电视剧集《权力的游戏》，把渡鸦作为重要的元素。如果从文化史上向前回溯，大约可以追溯至维京传统，作为至高无上的神，欧丁有时被称作“渡鸦之王”，他有两只渡鸦，分别叫“胡金”（思想）和“穆宁”（记忆）。乌鸦的威严仪态、乌黑的颜色、对腐肉的喜爱，使其成为死亡的象征。但在另一面，它也可以被视为神奇的保护力量。比如在英格兰，禁止对渡鸦造成任何伤害，违者重罚，在民间信仰里，亚瑟王已经变成了渡鸦，人民生怕误杀这位传说中的君主。直到19世纪的最后几十年，这一传说依然在威尔士和康沃尔郡盛行，甚至衍生出一个变种：如果渡鸦离开伦敦塔，英国就会沦陷。1883年，伦敦塔的管理者开始驯养渡鸦，到现在已经成为一项大热的观光项目。

东方世界，有把乌鸦与太阳相联系的远古神话传统。在《山海经》中，记载了“十日传说”，它们是天神帝俊与羲和的儿子，化身为“金乌”，栖于汤谷的扶桑树上，“一日方至，一日方出”。《淮南子》说“日中有踆乌”，郭璞作注为“中有三足乌”，神化了的“三足乌鸦”，传递出乌鸦在文化中的份量。

在讲究孝道的中国，民间赋予乌鸦很正面的形象，“乌鸦反哺”指成年乌鸦喂养小幼鸦，而幼鸦长大后，会反过来给老乌鸦喂食。比如唐代苏洞的《寒鸦诗》：“点点飞来绕水村，不缘街鼓识黄昏。当年口腹成疏弃，却保生全反哺恩。”《本草纲目》《增广贤文》和《孝经》等都有类似记载，与“羊羔跪乳”一样，“乌鸦反哺”是道德教育的一个典型。

在中国，渡鸦少见，多见的是25厘米左右的寒鸦。几十上百乃至成百上千寒鸦组成的鸹噪鸦阵，是冬季里城乡生活的常见景观。或许是因为不像渡鸦那般有威慑感，从古至今，寒鸦翻飞于无数的诗行和画幅间。

> 月落乌啼霜满天，江枫渔火对愁眠。姑苏城外寒山寺，夜半钟声到客船。（唐，张继，《枫桥夜泊》）

晚日寒鸦一片愁，柳塘新绿却温柔。若教眼底无离恨，不信人间有白头。（宋，辛弃疾，《鹧鸪天》）

古庙幽沉，仪容俨雅，枯木寒鸦几夕阳。（宋，文天祥，《沁园春》）

枯藤老树昏鸦，小桥流水人家。古道西风瘦马，夕阳西下，断肠人在天涯。（元，马致远，《天净沙》）

寒鸦素来与夕阳、枯木、萧索、寂寥同构为黄昏意象。但偶尔成为主角，竟也大有磊落不凡之气。我独喜八大山人的《枯木寒鸦图》，败枝残石间栖息四只寒鸦，或相对而鸣，或并肩而睡，神完气足，白眼向人，有睥睨人间的孤傲。如果说梵高的遗作《麦田里的乌鸦》以群鸦铺陈死亡的翩跹，八大山人的群鸦则有特立独行的生命情态。与此类似，潮州有筝曲《寒鸦戏水》，清新明快，起伏跌宕，如闻其声，如见其形，演绎了寒鸦在水中嬉戏的热闹，生命，活泼泼地彰显。

博里亚·萨克斯的《乌鸦》是一部精简的乌鸦文化史。作者坦陈："一种如此多维度的动物，以至于不存在把它简化成任何刻板印象的问题。"此书涉及动物行为学、动物分类学、人类学、文化学，神话传说、野史稗闻、民间习俗、文学艺术，杂取旁收，蔚为壮观。

2002年，科学家在牛津大学实验室得出结论：乌鸦会制造工具。在大脑方面，乌鸦处于或接近鸟类世界的顶峰，只有鹦鹉才能与之相提并论，且乌鸦的大脑充满了神经元。或许是由于智力过剩，它们经常会玩一些自娱自乐的游戏，而在人类看来，乌鸦的行为便显得不可理解。博物学家大卫·奎曼认为，鸦科鸟类的整个氏族充满了异常和古怪的行为，以至于它迫切需要的不是鸟类学家的解释，而是精神病学家的解释。

一个有趣的联想，《乌鸦》一书也是"智力过剩"的兴趣之作。作者抛开许多学术程序和学术怪癖，兴致盎然地以"乌鸦"为主题，聚合了大量知识和图像。甚至，作者还详细介绍了《聊斋志异》

中的“乌鸦故事”，视野之开阔，可见一斑。兴之所至，不揣冒昧，我亦稍稍增补几则中国材料，是为序。

# 目录

# CONTENTS

# 新版本序

# PREFACE TO THE NEW EDITION

大约十五年前，编辑乔纳森·伯特（Jonathan Burt）请我为瑞科图书公司（Reaktion Books）题为“动物”的新丛书写第一分册，并且说我可以选择任何我想写的动物。我的选择是乌鸦，一种如此多维度的动物，以至于不存在把它简化成任何刻板印象的问题。我写《乌鸦》的方法是抛开许多学术程序，只专注于所有那些关于我主题的特别的东西。有时候，我可能几乎和鸦科鸟类本身一样乖僻。这本书有一种氛围和节奏，今天我很难或不可能重新捕获。

《乌鸦》的某些部分不可避免地过时了，对伦敦塔渡鸦的讨论尤其如此。我本人已经证明，伦敦塔驯养渡鸦仅仅起源于1883年前后，而不是如导游们所宣称的那样，从查理二世或者更早的时候开始。当伦敦塔被作为哥特式城堡向游客营销时，这些渡鸦被当作道具引入这里，伴随着所有那些有关鬼魂、暴君和落难少女的故事。然后，在第二次世界大战期间，渡鸦以其敏锐的感官被非正式地用于对逼近的敌方炸弹和飞机发出预警，这一做法导致了一个据说是“古老”的传说，即如果渡鸦离开伦敦塔，英国就会沦陷。它们已经从厄运的化身变成了国家宠物、王国的保护者，也许最重要的是，成为我们岌岌可危的环境遗产的象征。

至于本书中更科学的部分，现在这种材料的过时几乎和新软件一样快。几乎每个月似乎都会有证明乌鸦智力的新发现。约翰·马兹洛夫（John Marzluff）领导的一个科学家小组已经证明，乌鸦能够识别人脸，并记住多年，知道哪些人曾对它们友好或曾使它们反感，甚至把这些知识传递给后代。

所有这些都证实了《乌鸦》的论点，即乌鸦也许是唯一对人类不仅有实用上的而且有智识上的兴趣的动物。它们时常观察我们，没有任何非常明显的实际理由，而且它们非常善于解读人类的肢体语言。黑猩猩很难或不可能学会人类用手指指是什么意思，但狗和乌鸦不用教就明白。

许多动物与人类的关系虽然是由习惯和效用决定的，但与任何生态位[①]一样具体。例如，这些动物包括狗、羊、猫、鹿和蜜蜂。在每个事例中，这些传统关系都包含权利、义务和相互的期望。但是人类与乌鸦的关系在对称性和互惠性方面是独一无二的。

人类和乌鸦都以核心家庭作为社会的基本单位，但也参与更大的社团。我们可以研究乌鸦，但它们似乎更多地研究我们。乌鸦不融入我们的社会，而是保持为一个分离的群落。然而，可能没有其他动物，甚至包括狗和猫，像它们那样理解人类。它们可以成为我们的对话伙伴，而且就我们理解乌鸦的程度来说，我们可能会对自己有更多的了解。

① 生态位（biological niche），又称小生境或生态龛位，是一个物种所处的环境以及其本身生活习性的总称。本书所有脚注均为译注。

# 引言

# INTRODUCTION

乌鸦是个快乐的家伙，尽管穿着墨黑的外套。

——肖恩·奥凯西（Sean O'Casey）

《绿乌鸦》（*The Green Crow*）.

虽然在我们的城市和乡村中很常见，但是乌鸦很少朝人类的方向哪怕只是看一眼。它们的叫声不是为我们，只是为呼唤其他乌鸦。然而有一天，在纽约州白原市（White Plains）回家的路上，我看到一只又小又脏的乌鸦在我面前的人行道上跳来跳去。当我试着再看它一眼时，乌鸦似乎既不好奇也不害怕。但是，与乌鸦通常的习性相反，有时它似乎会和我对视。起初，我觉得这只乌鸦可能受伤了，想打电话给动物保护协会或兽医。然而，乌鸦没有表现出任何痛苦的迹象，而且似乎根本不像我那么担心。

1907年法国凹版印刷的两只小嘴乌鸦。艺术家们常常表现乌鸦特有的优雅，尽管很少有人欣赏。

在繁忙的街道旁边只有几平方码的草地，但足以容纳几棵树，其中包括一棵高大的松树。透过树枝向上一直望，我可以看到靠近顶端有一个鸟窝。这只乌鸦是羽毛初长的雏鸟，从巢里被扔出来，这样它才能学会飞行。在那条繁忙的人行道上，几乎所有人走过时都至少向乌鸦的方向瞥了一眼。有时候，狗或小孩会追逐这只鸟，而老年人则试图和它说话或喂它东西。乌鸦既不十分高兴也不感到困扰，它会礼貌地跳开，这种情况持续了好几天。跳跃变成了飞行，并且飞行距离逐渐变长。大约一个星期后，有一天我经过时看到乌鸦已经不在那里了。

事实上，它可能就在不远处，但它更喜欢与人保持适度的距离。我再也区分不出那只乌鸦和公园里的其他乌鸦，它们可能是它的孩子或父母。但我喜欢想象，也许那只乌鸦有时会谨慎地注视着我。它在人类的世界短暂逗留后重新加入其他的乌鸦，可能带着美好的回忆，并与其他乌鸦分享这些回忆。

从表面上看，乌鸦和人类之间的关系通常显得有礼貌但很疏远。然而，这些鸟在民间传说中的重要性表明，乌鸦对于男男女女而言有着强烈的，即使是微妙的魅力。当你观察城市环境中的其他鸟类，比如鸽子或麻雀时，它们通常仿佛只是在等待良机，一边放松休息，一边捡拾食物。相比之下，在乌鸦身上，似乎总有一些重要的事情正在发生，一场家庭戏剧正在上演。它们精力充沛地飞来飞去，并以不可预测的方式互相呼喊。

什么是乌鸦？没有任何动物的形象比它更简单、更具标志性、更明确无误。我们想到的是在冬季白色天空映衬下的一个轮廓，伸展的翅膀、耷拉的脑袋和长长的尾巴。这至少是诗人的观点，但科学家们看待事物的方式要复杂得多。他们告诉我们，乌鸦是鸦科（Corvidae）成员，鸦科还包含喜鹊、松鸦、红嘴山鸦、星鸦和其他鸟类。

这些鸟属于雀形目（Passeriformes），俗称“鸣禽”，尽管并非所有成员的叫声都是悦耳的。鸦科可能起源于澳大利亚，当时那片大陆相对孤立于欧亚大陆。大约2000万年至3000万年前，大陆之间漂移得更近后，这些鸟进入了亚洲。这一迁徙之后——随着这些鸟向欧洲和美洲扩散——是一个快速的进化分化期。除了南美洲的南端和两极附近一些相对较小的地区外，现在世界各地都能找到鸦科的成员。

“乌鸦”这个词偶尔被广泛用于该科鸟类的所有成员。它通常更严格地用于鸦属（Corvus）的成员，鸦属也被称为“真正的乌鸦”，其中包括渡鸦、秃鼻乌鸦和寒鸦。最后，虽然也许有点不科学，但这个词也可以用于那些没有任何其他通用名称的鸦属成员。

在本书中，我们将从许多角度来审视人与乌鸦的关系——包括诗歌、分类学、动物行为、神话、传说和视觉艺术等。如果偶尔似乎很难相信诗人和科学家在谈论同样的东西，我们可以想想印度教《自说经》（*Udana*）里著名的“盲人摸象”（The Blind Men and the Elephant）的故事。印度王公向七个盲人展示一头大象，并要求他们描述它。一个人摸到头，说大象就像篮子，另一个人摸着象牙，认为这个动物像铧头。那个摸着象鼻的人想到了犁，而抱着身体的人说这是一个谷仓。触摸了不同部位的其他人，声称这个动物像一根柱子、一个研钵、一根杵或一个灌木丛。这个故事通常是为了说明不同的信条，虽然看来是相互对立的，但可能都是一个单一真理的一部分。

当然，我们在这里谈论的不是信条，而是文化视角。这里的“盲人”指杰出的诗人、科学家、牧师、画家……而且，他们不是在剖析大象，而是在剖析乌鸦。然而，同样的原则也适用。毕竟，文化活动所有不同的形式归根结底都是一个单一传统的一部分，并且它们加在一起，可以产生比任何单独一种文化活动都要全面得多的印象。我在本书中讲述乌鸦和人类的历史时，将往返于科学、诗歌、传说和其他传统。

这些鸟大多是黑色的，尽管有些种类的羽毛部分是白色、棕色、灰色、蓝色、紫色或绿色的。这种深色的羽毛通常使乌鸦非常突出，尽管也会使辨别单独某只鸟变得困难。黑色是大地和夜晚的颜色，因此乌鸦往往与神秘的力量联系在一起。这种颜色可以使

Conti de Corbi

动物看上去更有气势，更加严肃，这就是为什么牧师的长袍以及——直到最近——教师的长袍首选黑色。

它们懒洋洋的姿势和对腐肉的喜爱，使乌鸦成为死亡的象征，但很少有——即使真有的话——其他鸟类如此活泼顽皮。它们沉溺于明显无用的游戏中，比如衔着一根小树枝飞向空中，扔下这个玩具，然后又俯冲下来，再叼住它。没有明显的原因，它们可能会单脚倒挂在那里，或在飞行中腾空后翻。据报道，阿拉斯加的乌鸦会把倾斜屋顶上凝结的积雪敲碎，并用这些雪块作为雪橇往下滑。劳伦斯·基勒姆（Lawrence Kilham）——他后来写了一部有关鸦科鸟类的社会行为的重要著作——曾在冰岛向一只渡鸦开枪。一根羽毛掉在地上，渡鸦飞走了。当基勒姆停下来给他的枪装子弹时，渡鸦回来了，从他的头顶飞过。渡鸦刚才在吃的越橘的紫色残渣落在他的帽子上，基勒姆得出结论说，渡鸦除了聪明之外，还具有幽默感。

乌鸦迈着长而有力的双腿觅食，好像在大地上滑行。然后，它们几乎毫不费力地上升，只是偶尔

拍打翅膀，像精灵一样飞入空中。虽然人们通常不这样认为，但乌鸦也是非常优雅的。从乌鸦的喙尖到尾巴的末端是一条单一的曲线，当乌鸦转头或俯向地面时，这条曲线就会有节奏地变化。鸦属中最有名的成员是小嘴乌鸦（Corvus corone corone）、冠鸦（Corvus corone cornix）、短嘴鸦（Corvus brachyrhynchos）、普通渡鸦（Corvus corax）、秃鼻乌鸦（Corvus frugilegus）和寒鸦（Corvus monedula）。所有这些鸟类都有广泛的分布范围，都与人类有着复杂的关系。

小嘴乌鸦几乎完全是黑色的，尽管它的羽毛在某些光线下呈现出紫色或绿色的光泽。冠鸦在脖子后面和胸部下方有一大片浅灰色。否则，这两个亚种几乎是完全相同的，并且它们在分布范围重叠的地方自由地杂交。可能只是在最后一个冰河时期两个种群分离后，它们才有了差异，其分布范围合起来涵盖了欧亚大部分地区。冠鸦一般出现在远北、地中海、东欧和中亚地区，而小嘴乌鸦在西欧、韩国和日本很常见。

短嘴鸦的体型与小嘴乌鸦相似，成年时约为40厘米或17英寸，颜色也很相似，一些研究人员认为这两种乌鸦应该被视为同一物种。它们没有被视为同一物种的原因主要是地理的问题。要属于同一物种，动物必须习惯性地杂交，但小嘴乌鸦和短嘴鸦远隔重洋。短嘴鸦在美国和加拿大的栖息范围很广，但在北美以外却没有出现。

普通渡鸦，尽管名字里有普通二字，却不常被人看见。但它的分布范围很广，生活在北半球大部分地区和非洲撒哈拉沙漠以北的地区。它比其他乌鸦大得多，成年时长约65厘米或27英寸。它嘴形粗壮，声音特别深沉。当它直接从我们头顶飞过时，普通渡鸦可以以其楔形的尾巴和相对较尖的翅膀与其他大多数乌鸦区分开来。它还有一个显著特点是交替拍打翅膀和滑翔。

还有一种经常与小嘴乌鸦和渡鸦混淆的鸦科鸟类是秃鼻乌鸦。我们主要可以通过其眼睛和喙周围粗糙、苍白的部分来辨认秃鼻乌鸦。这可能使秃鼻乌鸦的脸显得干瘪和极富表情。这些鸟在北欧最为常见，

但它们的自然分布范围向东延伸到日本。19世纪，它们被引入新西兰这个以前没有鸦科鸟类的地区。

在鸦属中，外观上不会与其他成员混淆的是寒鸦，其长度只有约25厘米或10英寸，远远小于其他成员。它的喙又短又尖，肩膀和胸部上方是灰色的。然而，寒鸦最引人注目的特征是它们银色的眼睛，在周围黑色羽毛的映衬下闪闪发光。寒鸦遍布欧洲以及亚洲西部。它们在飞来飞去时叽叽喳喳的习惯给它们带来了一个淘气的特别名声。

鸦属中另外还有二十到三十多个成员，这仅仅取决于选择哪种分类学。棕背渡鸦（Corvus ruficallus）遍布南半球的大部分地区，包括澳大利亚、非洲和部分拉丁美洲。印度家鸦（Corvus splendens）和丛林乌鸦（Corvus macrorhynchus）遍布南亚大部分地区。鸦属中的几个成员仅限于相对有限的栖息地，甚至是特定的岛屿。

今天，乌鸦的分类和其他动物的分类一样，是专家之间晦涩难解的争论的主题。鸦科鸟类物种之间的区别往往既有用又简洁，但很少或永远不能帮

助我们理解传说或文学中的乌鸦。在民间传说中，几乎不可能确切地知道一段话中指的是哪一种鸦科鸟类。在18世纪或19世纪之前，鸟类以及其他动物的种类通常只是根据颜色等特征进行不严格的区分。黑鹂有时会与小嘴乌鸦混为一谈，尽管两者并没有亲缘关系，而只是因为它们具有相似的羽毛。但是，为了领会古老故事的精神，我们必须抛开一些已经获得的知识。把神话作为写作的主题时，不能总是用科学的语言。

比起在欧洲和亚洲宏大、系统化的神话中，乌鸦在更朴实的传说领域中出现得更多。官方信仰的宏伟宇宙学以奇异的或具有异国情调的动物为号召物——龙、独角兽或狮子。但是，传说可能在口头传统中保存了几千年，通常可能比神话更古老。正式的神话一般是武士和祭司阶级的产物。民间传说通常表达出一种更平等、也许更古老的世界观，其中不仅国王和农民，就连动物和植物也较亲密地互动。习惯于靠自己的智慧生活的乌鸦，尤其适合这种体裁。

甚至鸦科鸟类的名称也往往是原始的。其他动物大多是根据它们在神话或日常生活中的关联被命名的。称呼鸦科鸟类的各种词语通常来自模仿它们的叫声的尝试。一个例子是我们的单词"crow"（乌鸦），来源于盎格鲁-撒克逊语中的"crawe"。它与德语的同义词"Krähe"有关，后者甚至更接近这种鸟的叫声。另一个例子是"raven"（渡鸦）一词，它来源于古斯堪的那维亚语中的"hrafn"。词源学家将这个词进一步追溯到史前日耳曼语中的"khraben"，这是渡鸦叫声的一个很好的音译。它与拉丁语中的"Corvus"、古爱尔兰语中的"cru"、梵语中的"karavas"以及其他几种印欧语言中的近义词有关。"jackdaw"（寒鸦）这个名称由"daw"和"tchak"或"jack"组合而成，前者在古盎格鲁-撒克逊语中是"傻瓜"的意思，后者是这种鸟的叫声。"rook"（秃鼻乌鸦）这个词来源于盎格鲁-撒克逊语中的"hroc"，或者其更现代的形式"croak"。根据一种理论，"magpie"（喜鹊）这个名称是"Margaret"和

“pied”的结合，意思是一位穿着华丽的女士。然而，这种鸟的拉丁名称是“Pica pica”，这可能是它噪音的再现。这些名称似乎很神奇，因为从某种意义上来说，叫出这些鸟的名称就是用叫声召唤它们。

科学家之间一直存在着争论，即短嘴鸦、渡鸦或它们的许多亲缘动物中的任何一种是否是最聪明的。无论如何，所有的鸟类学家都同意，鸦科鸟类的智力在鸟类世界数一数二，或许只有鹦鹉才能与其相媲美。在所有鸟类中，鸦科鸟类大脑与身体之间的比例是最高的，并且鸦科鸟类的大脑充满了神经元。短嘴鸦的大脑约占体重的2.3%。人类大脑约占体重的1.5%[1]，而家鸡是0.1%。普通渡鸦则约为1.3%，但是这种鸟的大脑绝对重量在12～17克之间，是所有鸟类中最重的。

“智力”这个概念在现代社会里具有神话般的共鸣。每个人都承认它非常重要，但没有人知道它

① 似乎应为 2.1% 左右。

寒鸦和短嘴鸦，出自19世纪的一本博物学著作。艺术家将寒鸦描绘成小偷，而乌鸦则具有近乎纹章学的尊严。

是什么。科学家普遍同意，对“智力”超越物种界限的精确定义恐怕是不可能的。然而，大众思维并不总是如此谦虚或谨慎。智力常常不仅被用来衡量某些能力，而且被用来衡量一个人或一种动物的整体价值。我们传统上认为智力是把人与动物区分开的特质，也许还是把动物与植物区分开的特质。

乌鸦的智力，加上喙周围的胡须和貌似的微笑，使它们以一种邋遢的方式惹人喜爱、“具有人性”。博物学作家大卫·奎曼（David Quamen）曾写道：“鸦科鸟类的整个氏族充满了异常和古怪的行为，以至于它迫切需要由精神病学家而非鸟类学家来解释。”他的理论认为，乌鸦的自然智力远远超过了它们在生态位中生存所需的能力。结果是它们不断地感到无聊，于是编出游戏来自娱自乐。换句话说，乌鸦就像非常聪明的孩子，却处在才智不被鼓励和赞赏的环境中。[1]

古希腊智者伊索（Aesop）据说公元前6世纪生活在萨摩斯岛（Samos）上。一则传统上认为出自伊索之手的寓言，讲述了一只口渴的乌鸦找到一

个装满水的大水罐。当发现水罐太重无法打翻后，乌鸦开始把鹅卵石投入罐内，直到水位上升，它可以喝到。据公元1世纪的百科全书编纂者老普林尼（Pliny the Elder）记述，在干旱时期，人们确实曾看到一只渡鸦往一个有雨水的骨灰瓮里堆积石头。在20世纪的大部分时间里，科学家们都认为鸟类完全不具备这种推理能力。然而在20世纪70年代，美国科学家观察到一只圈养的蓝松鸦（Cyanocitta cristata）——一种与乌鸦有密切的亲缘关系的鸟——叼起一根棍子，用它把笼子周围的零星食物扫到啄食范围内。

许多观察者，包括见多识广的科学家，都记述了鸦科鸟类非凡的才智。一些研究人员认为，在太平洋的新喀里多尼亚岛（New Caledonia）上发现的各种乌鸦，是继人类之后动物中最熟练的工具制造者。它的“工具箱”包括一根由尖树枝制成的通条，用来在棕榈树的叶子中戳蛴螬。还有一个钩子，由弯曲的小枝精心做成，可以用它从洞里掏出蛴螬。也许最值得注意的是，有一个由叶脉制成的

锯子，用来切割和刺穿蛴螬。所有这些工具的制造都非常精心，经过深思熟虑。

日本仙台市的小嘴乌鸦发现了一种打开核桃的巧妙方法。它们叼起坚果，在路边等着，直到红灯亮起来。然后它们飞下来，把坚果放在汽车的轮子前面之后飞走。当红灯变成绿灯后，它们回来吃掉已经被车辆压成碎片的坚果。芬兰渔民把钓鱼线留在冰上凿出的洞里时，冠鸦会有条不紊地从水中抽出细绳，偷走捕获物。在过去的几十年里，许多研究人员也记述了证实乌鸦智力的事件。实验室里的一只乌鸦想出了如何从塑料杯中舀水并将其带走以蘸湿作为食物的颗粒。另一只乌鸦用一张纸把食物碎片推到笼子的啄食范围内。

也许鸦科鸟类智力最引人注目的证据来自2002年科学家亚历克斯·卡塞尔尼克（Alex Kacelnik）的牛津大学实验室。他选用了两只新喀里多尼亚乌鸦（Corvus moneduloides）——分别名叫亚伯（Abel）和贝蒂（Betty）——给它们出了一个难题。结果表明，对如此聪明的鸟来说，这个智力问

题实在太简单了。他给它们提供了装在一根管子里的大量食物，并给它们两根铁丝——一根钩状的、一根直的——把这些食物拉出来。亚伯立即认识到哪一种是合适的工具，它拿走了钩状的铁丝。然后，贝蒂仔细地弄弯剩下的铁丝，做成一个钩子，取走了她的食物。多次面对这一难题时，贝蒂不仅一再将其解决，而且即兴想出了弄弯铁丝的新方法。她有时用双脚按住铁丝，用喙把它弄弯；有时用胶带楔牢一端，然后弄弯另一端。黑猩猩和猴子面对相同的难题时，却没一个能够掌握解决方法的。在白原市，我注意到乌鸦已经弄清楚餐馆会在何时把垃圾倒在何地。它们在垃圾倾倒场旁边等待，然后有条不紊地撕开塑料袋来获取食物。似乎每个人都有一个“乌鸦的故事”，一种对鸦科鸟类的观察，揭示了它们不同寻常的智力或情感意识。轶闻也许是不可信的，特别是从科学家的角度来看。不可避免的是，这些事件不仅涉及对行为的记录，而且涉及对行为的解释，即使是细心的观察者也很容易受到主观感觉或人类优越性假设的影响。不过，即使

我们对个别的故事仍有一点怀疑，但关于乌鸦的故事数量如此之多，说明这些鸟有办法让人们惊奇。

研究人员认为语言能力是智力的重要标志。根据一项研究，短嘴鸦的23种不同的叫声——例如召集集会或警告危险——已经被破译出来。这可能是类人猿都羡慕的词汇量。乌鸦和渡鸦发出的其他几十种叫声似乎是有意义的，但尚未得到解释。其中一些叫声是特定地区甚至是某一对乌鸦独有的。每一只乌鸦都有一种特别的叫声，它的同伴们可以通过这种叫声识别它。此外，乌鸦是出色的模仿者。在野外，它们模仿猫头鹰可能还有其他动物的叫声，人工饲养的乌鸦还学会了使用人类的只言片语。乌鸦之间的交流可能很多是通过声音和动作的组合进行的。这种互动可能是微妙和精确的，然而就像人与人之间的亲密交流一样，非常依赖于语境，以至于群落的局外者——包括人类——永远无法破译它。

这一语言能力也反映在民间传说中。渡鸦和小嘴乌鸦在传说中对人类说的话语相对较少，但它们

Louis Agassiz Fuertes

偶尔的话语却意义重大。据1694年的一本英语小册子讲述，赫里福德郡（Herefordshire）的一只渡鸦曾三次说："查看《歌罗西书》（*Colossians*）第三和第十五节。"[2]但喜鹊和松鸦是最有名的喋喋不休者。这常常使它们在从北美到中国的文化中被称为骗子。它们的语言能力也为它们赢得了情人、恶魔和仙女等名声。

智力的另一个标志是复杂的社会生活，而今天，鸦科鸟类的社会生活仍然对研究人员提出挑战。乌鸦经常合作狩猎和觅食。它们最喜欢的一个把戏是找到一只刚刚逮到鱼的水獭。一只乌鸦会啄水獭的尾巴，迫使它放下鱼并转身，然后另一只乌鸦会立刻叼起鱼。

乌鸦社会的基本单位是数代同堂的大家庭，至少以一对繁殖期的乌鸦为中心。例如，短嘴鸦大约需要三年时间才能成年并繁殖。一对短嘴鸦每年可能产一窝。那些尚未达到繁殖年龄或未能找到配偶的乌鸦将与父母待在一起，帮助养育下一窝雏鸟，特别是协助筑巢。相对较长的寿命——有时甚至

超过二十年——使乌鸦能够发展世代相传的家族关系。乌鸦会跳求偶舞，它们垂下翅膀，抖动尾巴。此外，它们的两性关系是一夫一妻制的。古埃及人认为乌鸦是家庭和谐的典范。

许多乌鸦，包括小嘴乌鸦和短嘴鸦，在深秋或冬季大量聚集在一起。有时候它们的数量成千上万（偶尔甚至超过一百万），但原因仍然是一个谜。这可能——例如——主要是为了免受捕食者的侵害，或者是为了交换有关觅食区域的信息，或者是为了寻找配偶。也可能这些原因和其他原因兼而有之。传说这些聚会是为了“上朝”。

最孤独的乌鸦是渡鸦，它们一般以夫妇或小家庭的形式生活在边远地区，通常是山区，尽管它们偶尔也会数百甚至数千只聚集在一起。渡鸦相对孤立的状态，加上其威严的体形，使它们成为特别有说服力的命运的象征。最合群的乌鸦是秃鼻乌鸦和寒鸦，它们形成群体，在同一棵树上或同一栋废弃的建筑物里大量筑巢。

鸦科鸟类甚至和人类一样与犬科动物有着特殊

伊顿（Eaton）的《纽约的鸟》（*Birds of New York*）的蓝松鸦插图。鲜艳的色彩和响亮的叫声使这种鸟成为北美最引人注目的鸟类之一。

的亲密关系。北美科学家观察到狼和乌鸦或渡鸦之间的共生关系。渡鸦跟随狼群，吃掉被狼杀死的动物的残骸。鸦科鸟类也会引起狼对动物尸体的注意，在狼撕开兽皮后分吃一些肉。北美的渡鸦——可能其他地方的也是如此——甚至与狼玩一种“捉人”游戏。它们俯冲向狼群，激怒狼群来追逐它们；有时渡鸦反过来追逐狼群。狼群和鸦群有时会一起上演一种“音乐会”，其中狼的嚎叫与渡鸦的啼声交替出现。渡鸦和狼有着同样的庄严，以及和毁灭的关联，它们在许多神话中也联系在一起。例如，两者都会伴随北欧神话中的魔法和战斗之神欧丁（Odin）。

鸦科鸟类喜爱闪亮的物体，人们可能会争论这意味着智慧还是愚蠢，但这是鸦科鸟类与人类的另一个共同点。较小的鸦科鸟类，如喜鹊和寒鸦，尤其因为偷珠宝而声名狼藉。格林兄弟（Grimm brothers）在他们搜集的德国传说中，讲述了在17世纪，一位腐败的官员是如何利用一只寒鸦一次偷一枚金币，最终从施韦德尼茨市（Schweidnitz）偷走

整个金库的。这种疑似“人类本性的”行为甚至可能使人们怀疑这些鸟是女巫的魔宠。

乌鸦和人类之间的相似之处往往会导致敌意以及喜爱之情。像人类一样，乌鸦是杂食性的，尽管它们特别喜欢腐肉。索马里的一则故事讲述了鸟类如何集会来决定怎么分配世界上的食物。聪明的渡鸦建议，所有比他大的鸟应该吃肉，而比他小的鸟应该吃素。这个提议被接受了，但其他鸟儿没有意识到的是，这让渡鸦可以自由地吃任何东西。

但是在20世纪以前，全球的人类社会绝大多数属于农村，人们时常会看到乌鸦在啄食动物的尸体。最值得注目的是，人们会看到它们在战场上撕扯死亡士兵甚至是垂死士兵的内脏。它们甚至学会了跟在军队后面，准备美餐一顿。但是，想到被乌鸦吃掉有时会让人感到安慰，特别是在那些喜欢把生命视为生死循环的文化中。在波斯和印度的部分地区，尸体传统上被喂给鸟类。

吃腐肉导致乌鸦在世界各地的文化中与死亡密切相关。然而，我们应该记住，对死亡的态度一直

是复杂和矛盾的。它同时带来了恐惧和安慰。它可以被看作消亡，也可以被看作通往另一个或许更幸福的王国。所有这些矛盾心理也延伸到乌鸦身上。世界上许多地方的传说都使它们成为生者的导师和死者的向导。

澳大利亚的土著部族穆林巴塔人（Murinbata）传说，螃蟹和乌鸦曾经争论什么是最好的死法。螃蟹为了展示她的方式，找到一个洞，把旧壳扔掉，然后耐心地等待。最后，螃蟹带着一只新壳回来了，并宣布她已经脱胎换骨。乌鸦反对说这个过程花了太长时间。然后，他向后一倒，一动不动地躺着，再也无法复活。人类可能仍然受必死性的支配，但乌鸦至少已经展示出一种快速而有尊严的方式，通往下一个世界。

有关乌鸦的口头传说丰富多彩，但是有几个主题反复出现。从中国人到平原印第安人（Plains Indian）的各种文化中，乌鸦是预言的承载者。一个很好的例子就是有时被称为“数乌鸦”的做法，用喜鹊和乌鸦预测未来。通常是看到鸦科鸟类从头

顶飞过时进行计数。民俗学家记录了许多押韵诗，特别是在英国和美国，这些诗将看到的乌鸦数量与命运联系起来。最著名的数乌鸦的诗歌之一来自苏格兰：

> 一只代表悲伤，两只代表欢乐，
> 三只代表婚礼，四只代表分娩，
> 五只代表白银，六只代表黄金，
> 七只代表不可泄露的天机，
> 八只代表天堂，九只代表地狱，
> 十只代表魔鬼自己。[3]

这些数字的象征意义因押韵诗版本的不同而有很大差异。

今天，世界的每一个角落都已经被探索过，照相机甚至被送到火星和更远的地方。然而至少从19世纪初开始，布莱克（Blake）和济慈这样的浪漫主义诗人就抱怨世界上的幻想破灭了。我们对奇迹的渴望再也无法通过异国之旅，甚至在很大程度上

也无法通过探索人类心灵的阴暗角落来满足。超然性的象征不再是凤凰或独角兽，尽管这些形象保留了它们的美。无论我们生活在麦田还是摩天大楼之间，乌鸦都是一个更能引起共鸣的象征。乌鸦是最常见的鸟类之一，然而，它们虽然没有丝毫异国情调，却得以保持神秘性。

I

# 美索不达米亚

# MESOPOTAMIA

你想乌鸦，也不种也不收，又没有仓又没有库，上帝尚且养活它。

——《路加福音》12：24

圣经本身几乎不像几代人之前那样经常被阅读或引用。尽管如此，犹太教和基督教经典的意象和韵律在我们的文化中仍然有很强烈的回响。只要在圣经中出现过的动物都保持着高度的重要性。渡鸦或乌鸦在《旧约》中被提到了十次，在《新约》中也被提到过一次。圣经中提到羊——希伯来人经济生活中的核心动物——和鸽子——神圣之爱的古老象征——的次数要多得多。但是，没有哪种动物像乌鸦或渡鸦那样出现在如此多样的语境中，或者说具有如此暧昧的象征意义。

在人类的想象中，乌鸦一直是极端的动物。它

们既顽皮又庄重，既嘈杂喧闹又善于表达，既神圣又世俗。许多乌鸦完全是黑色的，但是世界各地的传说告诉我们，它们曾经是白色的。近东地区一直是上演善恶悲喜等伟大戏剧的场所，而且正如人们所预料的那样，乌鸦常常扮演着重要的角色。

圣经中用同一个希伯来语单词“奥列夫”（orev）指称各种乌鸦。它可能来源于“erev”，意思是“黄昏”，因为这些鸟的深色就像一天结束时的黑暗。从诗歌——如果不一定是学术著作——中可以看出圣经中不少有关渡鸦这样的鸟类的内容，它们有着朴素和骇人的美。从古至今，圣经中的相关内容就是这样传下来的。

尤其是渡鸦，虽然习惯性地避开人类，却在近东地区这样崎岖的地形中茁壮成长。当乌鸦和渡鸦从山上的巢穴里出来后，它们往往是以被杀者为食。虽然看到渡鸦对村民来说可能是不祥的预兆，但它们的坚韧也常常赢得村民的钦佩。大多数乌鸦是高度社会性的，但孤独的渡鸦在多岩石的山谷和丘陵中觉得安适。

在这幅19世纪科普书的插图中，渡鸦被赋予一种人格化的怒容，表明了它的凶猛。在背景中，一只渡鸦在等待一只公羊死去时，毫无怜悯地看着它。

在近东地区，渡鸦的故事早在犹太教和基督教的神圣经文之前就有了。根据亚述国王亚述巴尼拔（Ashurbanipal）图书馆所藏的有关纳拉姆辛（Naram-Sin）国王的巴比伦史诗残篇，长着渡鸦头的人从北方的山区入侵。国王起初以为他们可能是恶魔，但后来发现他们会像人类一样流血。也许入侵者是戴着头盔的武士，头盔的护鼻像渡鸦的喙一样突出。

在苏美尔和巴比伦地区的《吉尔伽美什史诗》中，一个硕果仅存的男人乌塔那匹兹姆（Ut-napishtim）——圣经中诺亚的前身——讲述了他和他的妻子是如何通过建造一艘船在洪水中幸存下来的，而其他人皆被洪水所灭。洪水终于开始退去，船停在了尼姆山（Nimuh）上。放鸟出去，看它们飞往哪个方向，是古代水手们用来确定陆地远近的一种常见做法。七天后，乌塔那匹兹姆放出一只鸽子，但它没有找到休息处，于是返回甲板。然后他放出一只燕子，但它很快也飞回来了。最后他放出一只渡鸦，它吃了东西，用嘴整理羽毛，没有回来。这时，乌塔那匹兹姆知道他的苦难已经结束，于是为感

谢神灵而献上祭品。

诺亚的故事（《创世记》8：6—12）与乌塔那匹兹姆大致相同，尽管有一些重要的变化。诺亚方舟停在亚拉腊山（Mount Ararat）上。首先，诺亚放出一只渡鸦，但它来回盘旋，没有带回陆地的消息。然后他放出一只鸽子，结果它发现无处栖身，返回方舟。诺亚等了七天，又放出一只鸽子，鸽子嘴里衔着一根橄榄枝回来了。

当乌塔那匹兹姆的故事演变成诺亚的故事时，第二只鸽子取代了原来的燕子。更重要的是，渡鸦没能回来具有与原来相反的意思。从表明陆地的存在——实际上这是对渡鸦没有回来的最合理的解释——变成了玩忽职守。

犹太教以及基督教的许多经外传说认为，动物在大洪水之后才开始吃肉，否则它们就无法一起生活在方舟中。根据犹太律法，渡鸦作为一种猛禽被认为是不洁的动物，正如《利未记》和其他地方所规定的那样。关于《塔木德经》（*Talmud*）中诺亚故事的一篇评论认为，渡鸦不是被派去寻找陆地，

而是因为犯罪被驱逐出方舟，可能是由于攻击了其他动物或在方舟上交尾。另一些评论则认为，渡鸦没有回来是因为它开始啄食死者的浮尸。在《塔木德经》中，渡鸦有时会与诺亚进行激烈的争论。一次在古犹太最高评议会上，渡鸦抱怨说，每个洁净物种中有七只[①]被保存下来，但它的物种只有两只，然后暗示说诺亚可能对它的配偶有性企图。

如果我们把方舟看作驯养动物的一次伟大实验，那么诺亚和渡鸦的故事也许就记录了某些动物是无法驯服的。民俗学家认为，这可能曾经是一个病源论的故事：渡鸦原本是白色的，但由于未能返回而受到诅咒，变成了黑色。无论如何，对渡鸦的这种或任何其他惩罚——如果是这样的话——在圣经中都没有记载。诺亚和方舟的故事——对犹太人、基督徒和穆斯林来说——已经成为人类与自然关系中决定性的转折点。根据许多经外传说，只有在大洪水消退，与耶和华（即上帝）订立新契约之后，人类才丧失了理

① 原文如此。

解动物语言的能力。但是乌鸦和相关的动物，特别是喜鹊，有着类似于人类声音的抑扬顿挫。有一个传说在欧洲广为流传：喜鹊因为发出太多的噪音不能进入方舟，而是在城市沉没在波涛之下时，站在方舟顶上叽叽喳喳。一个英国传说告诉我们，喜鹊是诺亚放出的第一只鸽子和渡鸦的杂交品种，这就是为什么喜鹊有黑白两色。

在随后的圣经段落中，渡鸦似乎是上帝的代理人。先知以利亚（Elijah）为躲避亚哈王（King Ahab）——他曾谴责国王为邪神巴力（Baal）筑了一座祭坛——在旷野避难。耶和华吩咐渡鸦早晚给先知叼饼和肉来（《列王记上》17：6）。但是，渡鸦如何以及究竟是用什么供养先知的呢？一些世俗注释者认为，以利亚可能利用渡鸦带领他找到死去的动物。但如果是那样的话，或者即使渡鸦仅仅给他带来了腐肉，从犹太传统的角度来看也有一些非常严重的问题。如前所述，渡鸦及其亲缘动物在圣经中被明确列为“不洁净”的鸟类（《利未记》11：15）。此外，腐肉对希伯来人来说是如此可

憎，以至于凡是触摸尸体的人直到晚上都是不洁净的（《利未记》11：24）。渡鸦带来的食物如果像这种鸟通常吃的东西一样，就不合乎犹太教教规。犹太注释者有时会说渡鸦从约沙法国王（King Jehosophat）的餐桌上给以利亚带来食物，从而解决了这个问题。但是它们怎么知道国王的哪些菜肴是合乎犹太教教规的呢？

圣经中的一段对许多人来说甚至意味着，上帝对渡鸦有一种特别的爱："乌（渡）鸦之雏因无食物飞来飞去，哀告神。那时，谁为它预备食物呢？"（《约伯记》38：41）。《亚尔库特希莫尼》（*Yalkut Shimoni*）——编撰于13世纪的关于《塔木德经》的评论——解释说这种爱是由于渡鸦教亚当和夏娃举行了第一次葬礼。他们的儿子亚伯死后，亚当和夏娃不知道该怎么办。一只渡鸦杀死了一个同伴，在地上挖了个坑，埋了尸体。这对人类夫妇则模仿着埋葬了他们的儿子。为了感谢渡鸦对亚当和夏娃的帮助，上帝喂养小渡鸦，直到它们长出黑色的羽毛来，到那时它们的父母便会接管它们。

在圣经中，渡鸦有时被用作荒凉的象征。《西番雅书》上说，以东（Edom）灭亡后，“猫头鹰、乌（渡）鸦，要住在其间”（2：14）。《以赛亚书》上说，亚述毁灭后，“乌（渡）鸦必在门口叫”（34：11）。[①]渡鸦或乌鸦也是上帝进行惩罚的工具：

> 那讥笑父亲，藐视年老母亲的，眼睛必被谷中的乌（渡）鸦啄出来。（《箴言》30：17）

但圣经也赋予渡鸦一种特别的华贵。在《雅歌》中，新郎的头发被称赞为“黑如乌（渡）鸦”（5：11）。就像人类一样，渡鸦似乎在不断地重新协商它们与上帝的关系。

① 此处似有误。“猫头鹰、乌（渡）鸦，要住在其间”应出自《以赛亚书》34：11。“乌（渡）鸦必在门口叫”应出自《西番雅书》2：14。

18世纪中期《箴言》30：17的德国插图。在前景中，一个年轻人嘲笑他的父母。在背景中，我们看到了等待他的命运——死后被渡鸦啄出眼睛。

# II

# 埃及、希腊和罗马

# EGYPT, GREECE AND ROME

一切都去了渡鸦那里！

——忒奥格尼斯（Theognis，公元前6世纪）

古代地中海文化中对鸦科鸟类的描写反映了人们对自然世界态度的发展。埃及人并没有在自然界和人类的领域之间进行鲜明的划分，他们对乌鸦有着强烈的情感和良好的幽默感。希腊人延续了这一传统，但他们有时也会带着恐惧、敬畏的心情和紧张的笑看待鸦科鸟类。

希腊人认为大自然拥有巨大的、不可阻挡的力量，人们可能会害怕或安抚这些力量，却很少控制它们。他们不断地进行战争，战败者可能会被屠杀或被卖为奴隶；饥荒或瘟疫也一再造成破坏。人们经常看到鸦科鸟类啄食动物甚至是人类的尸体。在

一个生活极其不稳定的世界，它们往往不受欢迎。对希腊人来说，鸦科鸟类代表了即使在城市里也持续存在的大自然，是基本上不受人类或神控制的动物。

在接下来的几个世纪里，奥古斯都及其继任者们的庞大罗马帝国尽管发生了各种内部冲突，但确实为其公民带来了某种安全感。虽然战争还在继续，但是通常发生在遥远的边境上。人们可以认为自己虽然不一定是命运的“主宰”，但至少也不是无助的受害者。希腊悲剧作家和抒情诗人经常哀叹人类的处境，但罗马人普遍接受它，既不颂扬也不抱怨。希腊人不断强调人类成就的脆弱性，而罗马人相信他们的帝国可以持续到时间的尽头。罗马人对大自然的看法不那么充满恐惧，更有田园情调。而且随着罗马人口增加到一百多万，以及奴隶们耕作的大种植园取代了小农场，他们的看法便更是如此。罗马人对渡鸦和乌鸦的喜爱在希腊几乎是不可想象的。

埃及艺术作品中的乌鸦经常以农作物为食，

而很少啄食散落在战场上的尸体。它们看起来很野蛮，却通常是以一种讨人喜欢的方式，而且几乎“有人性”，但是（不像，比方说，朱鹭或猎鹰）根本不是神圣的。拉美西斯（Ramesses）时期（公元前1307年到公元前1070年）的都灵讽刺纸草卷中有一张图，是一只乌鸦展开翅膀，沿着梯子爬上一棵西克莫无花果树，而一匹河马从树枝上采集了一篮子无花果。埃及人对商业交易有着各种细致的记录，但很少记载他们的神话，我们主要通过希腊人和罗马人的记述来了解他们神的故事。据公元2世纪希腊化的罗马人艾利安（Aelian）记述，埃及法老摩利士（Moeris）用一只驯服的乌鸦将消息传送到他指定的任何目的地。

根据公元前3世纪的希腊-埃及祭司赫拉波罗（Horapollo）的说法，乌鸦在埃及的符号象征——如果不一定是宗教的话——中很重要。乌鸦代表了忠诚的爱情，因为正如古代世界的人们正确地观察到的那样，它们是一夫一妻制的。赫拉波罗写到，当埃及人想表现战争之神阿瑞斯（Aries）和爱情女

神阿弗洛狄忒（Aphrodite）之间的结合时，他们会画两只乌鸦。这是因为一只乌鸦总是产两枚卵，通常会孵出一只雄鸟和一只雌鸟，并且这两个后代会共同生活一生。赫拉波罗解释说，当偶尔孵出两只雄鸟或两只雌鸟时，它们就注定要过一辈子独身生活。因此，看到一只单独的乌鸦是一个坏兆头，但是一对乌鸦则象征着婚姻。幼小的乌鸦象征着不安和暴躁，因为乌鸦妈妈忙忙碌碌地喂养它的幼鸟。

鸽子也有鸦科鸟类一夫一妻制的名声，尽管没有那么确证。然而，这两种鸟象征的重点有很大的不同。鸽子与理想化的、通常是神圣的爱相关，而鸦科鸟类则代表所有世俗现实中的婚姻。鸽子被用来象征求爱，而乌鸦则代表了圆房。赫拉波罗还写到，寡妇对丈夫忠贞的象征是一只黑色的鸽子，因为这些鸟会终生相爱。由于黑鸽子通常不会在自然界中出现，因此赫拉波罗在这里指的很可能也是鸦科鸟类。希腊历史学家希罗多德在公元前5世纪撰写的一篇著名文章中也提到了黑鸽子。

希罗多德写到，两只黑鸽子从埃及的底比

斯飞起，一只飞到利比亚，另一只飞到多多纳（Dodona）的宙斯树林里的一棵橡树上。利比亚的鸽子指示人们建一座神示所献给阿蒙神（Ammon）。多多纳的鸽子用人类的语言告诉人们，这树林将是一个占卜的地方。在荷马时代，多多纳已经成为希腊最神圣的圣地。当树叶被鸟儿们弄得沙沙作响时，小树林的神宙斯通过叶子的声音向人们说话。最后，来多多纳的朝圣者越来越多，叶子和风的细微声音被他们的喧闹声淹没。祭司们说，将一些球悬挂在一只盆的上方，当风吹动球撞击盆的边缘时，人们也许可以通过球的声音听到神的说话声。

希罗多德认为，这两只黑鸽子是埃及女祭司，被卖作奴隶。她们被称为“黑色”是因为她们的肤色，而被称为“鸽子”是因为她们的语言听起来像鸟的叫声。然而，鸦科鸟类也具有非凡的发音范围，甚至在古代因为模仿人类语言的能力而闻名。它们也普遍与预言联系在一起，因此很可能是它们启发了多多纳的神示所。

在希腊和罗马的文化中，鸟类通常与占卜有关，乌鸦在重要性上可能仅次于鹰。在荷马史诗《伊利亚特》的最后一卷中，国王普里阿摩斯在前往协商他儿子赫克托尔——被阿喀琉斯所杀——尸体的赎金之前，祈求一个好兆头。很快，一只巨大的“黑鹰”出现了，国王知道他不会白费力。“鹰”（aquila）这个词被非严格地用来指称大型猛禽，包括隼和秃鹫。没有哪种普通的鹰是全黑的，“黑鹰”可能是一只渡鸦。

乌鸦——很可能是冠鸦——尤其被视为吉祥婚姻的象征。在希腊罗得岛人的婚礼上，人们会唱“乌鸦歌”，希望这对夫妇彼此忠诚，并祝福他们的婚姻多子多孙：

> 好心的先生们，给乌鸦一把小麦，
> 它是阿波罗的孩子，或者一盘小麦，
> 或者一条面包，或者一便士，或者随便你想给什么……[1]

宙斯、他的女祭司和两只乌鸦——多多纳的“黑鸽子”——出现在中世纪这幅描绘希腊神话的时代错误的插图中。

唱“乌鸦歌”的这种习俗类似于我们现代唱圣诞颂歌，孩子们有时可能会唱这首歌作为对款待的回报。

因此，乌鸦对婚姻女神赫拉来说是神圣的，就像它后来对罗马神话中的婚姻女神朱诺来说是神圣的一样。在罗得岛的阿波罗尼奥斯（Apollonius Rhodes）公元前3世纪撰写的《阿尔戈船英雄纪》（*The Voyage of Argo*）中，英雄伊阿宋在寻找金羊毛的远征中，面临着看似不可能完成的任务。女神雅典娜、阿弗洛狄忒和赫拉前来帮助他，使强大的女巫美狄亚爱上了这个年轻人。不久之后，伊阿宋和占卜大师摩普索斯（Mopsus）一起走在一棵白杨树旁，这棵树是乌鸦最喜欢的栖息之处。赫拉派来的一只乌鸦对摩普索斯说：“这位不光彩的预言家是谁？他甚至没有意识到小孩都知道的道理，那就是女孩不会允许自己对有人陪同的年轻人说一句爱的话。滚蛋，愚蠢的先知”（第三卷，第923—951行）。摩普索斯立刻明白赫拉已经安排了美狄亚和伊阿宋单独见面，于是他高兴地退下。在美狄亚的

帮助下，伊阿宋得以躲过守卫金羊毛的毒龙，带着战利品逃到了他的船上。

希腊-罗马文化对乌鸦的矛盾心理在艾利安的作品中特别清楚地表现出来。他写到，性伙伴关系中的乌鸦彼此深爱，从不放纵乱交。如果一只乌鸦死了，另一只绝不会再找配偶。但是正因为如此，婚礼上的单只乌鸦是个不祥的预兆，意味着新娘或新郎不久就会死去。

根据传说和寓言，鸦科鸟类与众神的关系似乎不是很好，因为它们以偷走祭坛上留下的肉而臭名昭著。根据希腊人巴布里乌斯（Babrius）讲述的一则伊索寓言，一只生病的渡鸦叫他的母亲向众神祈祷他的康复。她回答说，没有一位神可能帮助她的儿子，因为他先前掠夺了他们所有的祭品。

孔雀最终取代乌鸦获得了赫拉的喜爱。在罗马人菲德拉斯（Phaedrus）首先讲述的一则流行寓言中，一只寒鸦捡起了一些孔雀羽毛来装饰自己。然后，他一边嘲笑自己的同类，一边试图加入一群孔雀。

孔雀们立刻攻击他，揭去他的羽毛，啄那只

可怜的寒鸦，直到他飞走。他试图重新加入其他寒鸦，但他们不再接受他。这则寓言的许多版本附加了一条寓意，即一个人不应该僭越自己的身份。

乌鸦是太阳和音乐之神阿波罗的圣物，当众神逃到埃及以躲避怪物提丰（Typhon）时，阿波罗曾经化身为乌鸦或隼。然而总的说来，阿波罗和乌鸦之间的关系似乎并不十分和谐。希腊语中的乌鸦一词“corone”来自一位少女的名字，她成了阿波罗的情妇。根据阿波罗多罗斯（Apollodorus）讲述的故事版本，这个名叫科洛尼斯（Coronis）的少女向阿波罗示爱，但嫁给了一个名叫伊斯库斯（Ischys）的年轻人。当时是白色的乌鸦，把这一结婚的消息带给了阿波罗。太阳神在愤怒中把乌鸦变成了黑色，或许是由于他突然燃烧起来而使乌鸦的羽毛被烧焦了。阿波罗随后烧死了科洛尼斯，但他救出了她子宫中的孩子，这个孩子后来成为医神艾斯库累普（Asclepios）。这个故事试图解释乌鸦的二元性，一方面作为早晨的鸟，它的叫声迎接太阳，另一方面它羽毛的颜色却像黑夜。

乌鸦具有少女的名字这一事实表明，在这个故事的早期版本中，她自己被变成了乌鸦。重要的是，她被杀不仅仅是因为移情别恋，而是因为与凡人结婚。也许，希腊人曾经认为成对的乌鸦是科洛尼斯和伊斯库斯。不管怎样，这是关于一个少女为爱下嫁，而不贪图地位和权力去选择政治联姻的最早的故事之一。

奥维德（Ovid）在他的《岁时纪》（*Fasti*）中讲述了另一个故事，其中太阳神不满意他的鸦科鸟类仆人。阿波罗为朱庇特准备盛宴，他派一只渡鸦去采集泉水。渡鸦拿起一只碗，飞向空中，这时它看到一棵结满果实的无花果树。渡鸦猛扑下来尝了无花果，发现它们还未成熟。它坐在那里，一直等到无花果成熟后饱餐一顿，这才想起太阳神交给它的任务。它捡起一条水蛇，飞回阿波罗那儿，说蛇堵住了小溪。阿波罗看穿了它的谎言，并宣布渡鸦今后不得饮用泉水，直到树上的无花果成熟。这就是为什么渡鸦说话的嗓音因为口渴而刺耳难听。阿波罗随后将渡鸦、碗和蛇放在黄道带中，以提醒人

们这只鸟的愚蠢行为。

然而在一些希腊传说中，科洛尼斯成了智慧和战争女神雅典娜的同伴。罗马地理学家普萨尼乌斯（Pausanius）在他的《希腊指南》（*Guide to Greece*）中说，希腊的科罗内（Corone）市矗立着一尊雅典娜的雕像，她伸出的手里托着的不是通常的猫头鹰，而是一只乌鸦。奥维德在他的《变形记》中叙述了科洛尼斯故事的另一个版本，她成了一个有许多追求者的年轻漂亮的女子。海神迷上了她，但她拒绝了他的求爱。当海神开始追逐她的时候，这位少女向密涅瓦（Minerva）祈祷，在罗马神话中密涅瓦是雅典娜的对应者。突然，女孩发现自己翱翔在大地之上，因为女神把她变成了乌鸦。

然而，大多数作者讲述了乌鸦和雅典娜之间的敌意。据一个故事说，这位女神参观众神的铁匠赫菲斯托斯（Hephaestus）的工坊时，他企图强奸她。雅典娜挡开了进攻，但她厌恶地注意到，袭击者在她的一条腿上留下了一些精液。她用一块羊毛织物擦掉它，然后扔到地上。精液使大地母亲

（Mother Earth）受孕，她生下了孩子厄里克托尼俄斯（Erichthonius）。雅典娜把孩子藏在一个有盖的篮子里，又把这个篮子托付给了三姐妹。最大的女孩变得好奇起来，她打开篮子，惊恐地发现一个身体周围缠绕着很多蛇的孩子。乌鸦向雅典娜报告了所发生的事，雅典娜从那以后一直对它很生气。也许这个故事暗示乌鸦的叫声是对早晨的宣告，揭开黑夜的奥秘。

在一则伊索寓言中，一只乌鸦向雅典娜女神献祭，并邀请一只狗参加他的宴会。狗说，献祭是没有用的，因为女神无论如何都厌恶乌鸦。乌鸦回答说："我知道她不喜欢我，但我献祭，好让她与我和好。"[2]就像它们会吃给神的祭品一样，乌鸦和渡鸦也会吃人类的尸体。一则希腊寓言讲述了一个人即将上战场，他听到了渡鸦刺耳的叫声。他吓得愣住了，转身对鸟儿说："你可以随心所欲地大声嘎嘎叫，但我不会成为你的美餐。"[3]在阿里斯托芬（Aristophanes）的喜剧《鸟》（*The Birds*）中，有一个角色使用了"滚去渡鸦那儿（Go to the

ravens）！”这个短语（第28行）。这个短语是那句众所周知的诅咒的起源——“灭亡吧（Go to the dogs）！”——这句话曾经有着比今天具体得多的含义。它意味着无人照管地死去，因为犬科动物和鸦科鸟类会吃掉那些没有及时被埋葬的人的尸体。

但是人们不禁注意到，即使没有神和人的太多帮助，乌鸦似乎也在城市里茁壮成长。作为长寿的象征，乌鸦对希腊人和罗马人来说也很重要。这种联系并不全然不着边际，因为许多乌鸦可以活二十年或更长，而渡鸦可以活三十多年。普鲁塔克（Plutarch）引用过赫西奥德（Hesiod）现已遗失的作品《奇隆戒律》（*The Precepts of Chiron*）中的一段话，说乌鸦的寿命有九代老年人那么长。他补充说，雄鹿的寿命是乌鸦的四倍，而渡鸦的寿命是雄鹿的三倍。如果我们说老年人的寿命为70岁，那么做一点算术就可以看出乌鸦的寿命是630岁，而渡鸦为整整7560岁。

在普鲁塔克所著的一段通常题为“论非理性

动物对理性的运用”（“On the Use of Reason by Irrational Animals”）的有趣的对话中，奥德修斯，一个以机智闻名的人，与一只名叫格里卢斯（Gryllus）的猪辩论，徒劳地试图证明人类的优越性。当这位希腊英雄声称人类表现出更高的道德时，猪给出这样一个毁灭性的回答：“说起珀涅罗珀（Penelope，奥德修斯的妻子）的自我克制，无数啼叫的乌鸦会报以嘲笑和轻蔑，因为任何一只失去配偶的乌鸦都会孤独地生活，不只是短暂的时间，而是九代人的时间。”赫拉波罗给出的乌鸦寿命是略短一些的400岁。我们应该记住，在人类的预期寿命只有20多岁的时代，长寿受到极大的重视，并且与智慧密切联系在一起。

在希腊-罗马文明最初的几个世纪，借助鸟类进行占卜是凭直觉的。鸟类生物在关键时刻的戏剧性出现将是命运的讯息。普鲁塔克在亚历山大大帝的传记中写到，乌鸦或渡鸦曾带领这位著名的征服者和他的军队来到埃及的阿蒙神庙。当有士兵误入歧途时，这些鸟儿甚至大叫，引导掉队者返回部

乌鸦出名的长寿往往使它们在纹章学中变得重要，就像在哈利·福尔摩斯–塔恩（Harry Holmes–Tarn）的纹章中那样。其中的拉丁语格言是“永葆活力”。

队。然而后来，乌鸦预言了亚历山大的死亡，当时两群乌鸦在巴比伦的城墙旁打架，其中几只掉在他脚下。

然而，渐渐地，预言越来越成为一个错综复杂的规则问题。在罗马剧作家普劳图斯（Plautus）写于公元前3世纪的《驴的喜剧》（*The Comedy of Asses*）中，一位面临艰难抉择的人说："我得到了我的前兆，我的预兆：鸟儿让我把事情引向我喜欢的方向！啄木鸟和乌鸦在左，渡鸦和仓鸮在右。'前进吧。'它们说！"[4]大约两个世纪后，罗马人越来越持怀疑态度，西塞罗（Cicero）在《论占卜》（*De Divinatione*）中略略反诘，为什么渡鸦向右飞是吉兆，而乌鸦向左飞则是噩兆？

希腊早期的文献中有很多地方提到了鸦科鸟类，但要确切地知道究竟是指哪些物种是不可能的。甚至希腊人自己可能都没有试图前后一致地使用这些名称，至少在亚里士多德（Aristotle）第一次尝试科学地研究动物之前是如此。"korone"这个词一般翻译为"乌鸦"，而"korax"译为"渡

鸦”，这也是这两个词今天在希腊的意思。亚里士多德在他的《动物志》（*Historia Animalium*）中提到“korone”是部分灰色的，这意味着他想到了冠鸦（Corvus corone cornix）。那么，亚里士多德似乎没有提到的小嘴乌鸦呢？它的分布范围不包括希腊，但是旅行者对这种鸟一定很熟悉。

亚里士多德还说，渡鸦（即“korax”）和乌鸦（即“korone”）都是喜欢居住在城镇里的鸟类。两者可能都被人类留下的残余物所吸引，不仅是祭品，而且包括垃圾。今天和古代一样，渡鸦和乌鸦有点像啮齿目动物，能够在城市和郊区的环境中茁壮成长。人们可以在任何一小片草地和树林中找到乌鸦，它们在啄开垃圾袋方面显示出非凡的聪明才智。在大都市地区也有渡鸦，但很少有人注意到它们。它们害怕人类，但是高层建筑就像它们的山地栖息地，它们往往在屋顶上筑巢。在古希腊较矮小的建筑中，渡鸦不太可能避免与人接触。很可能，“korax”这个词通常不仅指渡鸦，也指小嘴乌鸦，也许还指秃鼻乌鸦，它们都是黑色的。

亚里士多德的《动物志》是第一本动物学的科学著作，它的绝大部分内容非常准确，尽管确实包含了一些无稽之谈，比如认为山羊被欧夜鹰舔舐后会失明。作者准确地观察到，乌鸦照顾幼鸟的时间远远长于大多数鸟类，而且即使在幼鸟学会飞行之后，父母和子女之间的纽带仍然存在。

然而，这本书的语言远比当代科学家的更具生动的隐喻。亚里士多德几乎把不同的物种看作人类的各个王国，彼此之间有着联盟和敌对的状态。亚里士多德说，乌鸦虽然是苍鹭的朋友，却是猫头鹰的敌人。乌鸦会在中午猫头鹰看不清东西时吃猫头鹰的蛋，而猫头鹰晚上会吃乌鸦的蛋。当代鸟类学家已经证实，乌鸦和猫头鹰有时确实会互相攻击，但是亚里士多德夸张的描述后来将赋予讲故事的人灵感，至少和赋予科学家的一样多。

罗马人有时对动物，包括鸦科鸟类，有着更大的喜爱。普林尼写道，“让我们也给予渡鸦应有的感谢”[5]，接着讲述了一只渡鸦的故事，它在为卡斯特（Castor）与帕勒克（Pollux）而设的神庙屋顶

孵化出来。它飞下来，到一个修鞋匠的店里，店主欢迎这只鸟，将其作为众神的使者。生活在人类中间，渡鸦很快就开始说话。它每天都飞到集会的广场，指名道姓地向提比略皇帝（Emperor Tiberius）致敬，然后它会向他的将军们和公众致意。渡鸦住的那家店变得如此受欢迎，以至于竞争对手的老板愤怒地杀死了那只鸟。义愤填膺的市民们杀死了行凶者。渡鸦得到了一场有一大群人参加的盛大葬礼。一位长笛手引路，埃塞俄比亚奴隶们肩上庄严地扛着带盖的棺材。

罗马的诗人们带着怀旧之情回顾一个想象中的时代。在那个时代，人类没有被贪婪腐蚀，与大自然和谐相处。维吉尔（Virgil）的《农事诗》（*Georgics*）也许是这种浪漫渴望最著名的表达，其中作者深情地写到渡鸦的嘎嘎叫声预示着下雨。苏维托尼亚斯（Suetonius）在罗马皇帝图密善（Domitian）的传记中写到，一只乌鸦栖息在卡比托利欧山（Capitoline Hill）的最高点，“它不能说‘很好’，而是说‘会的’（erit）”。[6]人们明白

这意味着更好的时代将很快到来。事实证明这个预言是正确的，因为变得越来越放荡和残忍的图密善很快就被杀了，一系列更仁慈的统治者接替了他。

渡鸦的叫声被罗马人理解为“cras”，拉丁语中的“明天”，并被解释为对永恒希望的表达。罗马诗人提比鲁斯（Tibullus）是早期的那种行吟诗人，他曾写道：“在这之前，我本来会在死亡中结束我的痛苦，但美好的希望让火花继续存在，一直低语说，明天一切都会好转。”[7]虽然作者没有明确提到渡鸦，但是“明天”（cras）这个叫声似乎使这种鸟成了“希望”（spes）的化身。

罗马人发现喜鹊的语言能力甚至比乌鸦和渡鸦更令人印象深刻。普林尼写到，某些喜鹊不仅重复喜欢的词语，而且爱它们，并不断思考它们的含义。如果喜鹊不能理解这样一个词语，它可能会失望地死去。如果说渡鸦是战士，那么喜鹊就是一位专注的学者。

随着罗马人吸收被征服民族的文化，关于乌

鸦等动物的口头传说变得越来越多样和复杂。普林尼谈及一个名叫克拉泰斯·莫诺塞罗斯（Crates Monoceros）的男子，他走进森林时，渡鸦栖息在他的双肩和头盔顶上，这是他用来狩猎的鸟。那位博学的罗马人还说，当一个名叫阿里斯提亚斯（Aristeas）的男人睡觉时，他的灵魂以渡鸦的形式从他的嘴里飞出来。

在古老的波斯宗教中——其中渡鸦是胜仗之神乌鲁斯拉格纳（Verethragna）的化身——渡鸦羽毛是一种流行的护身符。“渡鸦”的兄弟情谊后来成为密特拉神（Mithras）教中七个等级里的第一个等级，这种宗教起源于波斯，在士兵中非常流行，并在罗马帝国的最后几个世纪里成为基督教的主要竞争者。密特拉神被称为“不可征服的太阳”，他被广泛等同于阿波罗。别的不说，密特拉神也有希腊-罗马神话中太阳神与乌鸦的联系。在秘密仪式中，打扮成渡鸦和狮子的人们会在地下祭坛周围跳舞。密特拉神要在时间的尽头宰杀一头大公牛，从而使大地恢复活力。一只狗会舔公牛的血，一只蝎

D. M.
CORNELIA
TABAIDE
FRATER. F.

左图 | 古罗马墓室里，在来世获得安息的愿望由传统的田园风光所代表，其中展现了啄食葡萄的乌鸦。

右图 | 罗马的浮雕展现了密特拉神，“不可征服的太阳”，他献祭一头大公牛来使世界恢复活力，一只渡鸦在一旁观看。

子会夹住公牛的生殖器，一条蛇会咬公牛，而位于密特拉神和太阳之间的渡鸦会在一旁观看。公牛的献祭会滋养生命，有时谷物会从公牛的血中发芽。渡鸦曾经因为从祭坛偷食物而受到蔑视，它却比古老的神灵活得更久，成为上帝的侍从。

罗马浮雕展现密特拉神在准备献祭一头公牛并使世界恢复活力时，回头看着一只渡鸦。这件浮雕的不寻常在于它展现的不是一只渡鸦，而是两只，也许是为了暗示繁殖力。

III

# 欧洲中世纪与文艺复兴时期

# THE EUROPEAN MIDDLE AGES AND RENAISSANCE

否则你肯定会被吊死，他说，在那之后，吉姆·琼斯，
在高高的绞刑架上，乌鸦会剔你的骨头。
——无名氏
《吉姆·琼斯在植物学湾》（"Jim Jones in Botany Bay"）

据罗马历史学家李维（Livy）——他自己是凯尔特人后裔——记述，有一次，一个巨大的高卢人走进罗马军队的营地，向任何敢和他单打独斗的人发起挑战。大多数士兵被陌生人的身材和大胆所吓倒，但一个名叫马库斯·瓦勒留斯（Marcus Valerius）的年轻护民官接受了挑战。战斗即将开始时，一只渡鸦落在瓦勒留斯的头盔上，看着高卢人。当两个对手互相走进攻击范围时，渡鸦飞起来攻击高卢人，用翅膀拍打他，用爪子撕扯他，使他惊慌失措。不久，挑战者被杀死，渡鸦飞向东方。因为确信是某个神灵派遣了这只鸟，所以罗马人集

合起来，并赢得了随后的战斗。那位护民官从此给自己取名为瓦勒留斯·科弗斯（Valerius Corvus），即“乌鸦瓦勒留斯”。

会是哪个神派来的渡鸦？正如我们所看到的，乌鸦有时与朱诺、密涅瓦和阿波罗联系在一起，但从来不和战斗有关。然而，派遣这样一只战斗之鸟，完全符合几位凯尔特神灵的性格，尤其是爱尔兰的战斗女神，巴德布（Badbh）和莫里根（Morrigan）。发现于罗马尼亚西约姆麦斯蒂（Ciume§ti）的公元前2世纪或公元前3世纪凯尔特人的铁头盔，顶上有一只渡鸦的形象，渡鸦带有装了铰链的翅膀。当佩戴头盔者进入战斗时，这些翅膀就会扇动起来。它们甚至可能被误认为是真正的鸟，就像罗马护民官头盔上的那样。瓦勒留斯·科弗斯的故事很可能是凯尔特人的传说，最终被罗马人采纳。罗马军队主要由外国人组成，他们最终可能会因服役而获得公民身份。很可能瓦勒留斯自己实际上是一个凯尔特人。

罗马人从被征服民族那里获取的远不仅仅是

士兵。虽然他们创作了大量的文学作品，但罗马文化中始终存在着一种精神空虚。这驱使罗马帝国不断扩张，但也促使罗马人将被征服民族——包括埃及人、希腊人、波斯人和凯尔特人——的宗教习俗改变为他们自己的。横坐马鞍的凯尔特女神埃波纳（Epona）甚至被描绘在罗马硬币上。罗马人和希腊人一样，一般认为凯尔特人和日耳曼人是野蛮人，但罗马人也钦佩那些被认为是原始民族的活力。

北欧民族可能没有产生像希腊和罗马那样的文学文化，但他们的视觉艺术——特点是以动植物形态为基础的曲线图案——具有一种感官的生动性，是地中海更加偏重理性的文化很少可以或从来无法匹敌的。对于罗马人来说，动物往往是预兆和象征，但在凯尔特-日耳曼文化中，它们拥有更自主的现实性。它们本身可以是聪明或强大的，而不仅仅是作为拟人化的神的吉祥物。

凯尔特人和北欧民族流传给我们的文学直到进入中世纪才被抄写下来，但里面充满了可以追溯到古代的故事和神灵。这种文学与希腊和罗马的不

同，对抽象化的兴趣不大，但在情感上却非常复杂。像古代世界的大多数严肃文学一样，它也是悲剧性的。然而，它的悲剧视野几乎总是掺入幽默的因素，特别是在爱尔兰文学中。北欧的古老文学融合了坚韧的现实主义、奢华的魔力和讽刺的夸张，其风格与年代更近的爱尔兰酒歌有异曲同工之妙。

乌鸦——连同大象——是少数几种似乎经常有幽默感的动物之一，这与它们阴郁的羽毛形成了鲜明的对比。很自然，在这些丰富多彩的故事中，乌鸦也许是最复杂和最有趣的动物。在维京人、凯尔特人和撒克逊人的传奇故事中，乌鸦和渡鸦几乎总是潜伏在背景的某个地方，在重要时刻发出它们不祥的叫声。

渡鸦或乌鸦特别与欧丁联系在一起，欧丁是维京人至高无上的神，他有时被称为“渡鸦之王”。他有两只渡鸦，分别叫“胡金”（Hugin，思想）和“穆宁”（Munin，记忆），它们栖息在他的肩膀上。在出自北欧的《诗体埃达》（*Poetic Edda*）的“格里米尔的名言”（“Grimnir's Sayings”）中，欧丁披着蓝色斗

公元8世纪末或9世纪初在爱尔兰完成的《凯

《凯尔斯书》中的装饰字母展现交错的
鸟类。虽然这些动物拉长的身体暗示着

篷拜访了哥特人的国王盖尔罗德（Geirrod），以考查这位君主藐视好客法则的名声。盖尔罗德逮捕了欧丁，并把这个神吊在两堆火之间的树上。欧丁被折磨时，谈及天地万物，他说：

> 胡金和穆宁每天都在广阔的世界上空飞翔；
> 我担心胡金不会回来，
> 但我更为穆宁发抖。[1]

这是对文明的两大礼物——反思和回忆——都失去后，世界将退化成混乱状态的恐惧。对欧丁的折磨暗示了萨满教的入会仪式，其中受治疗者获准得到神秘的知识。欧丁是魔法之神，也是战争之神，最初可能是一个萨满教法师，而伴随他的渡鸦和狼可能是动物助手。

也许比起希腊人和罗马人，渡鸦对维京人而言更是预兆之鸟。渡鸦在住宅前面啼叫可能预示着户主的死亡。展开翅膀的渡鸦成为维京酋长上阵的军旗图案。中世纪的《弗洛基的传奇》（*Saga of*

*Flokki*）讲述了一位水手放飞一只渡鸦，跟在它后面航行，从而发现冰岛的故事。

乌鸦和渡鸦对于早期的凯尔特人具有类似的重要性。卢（Lugh），其名字的意思是“发光的人”，是凯尔特人的光明神。这个名字与高卢语单词“lugos”有关，它有“渡鸦”的意思。这表明，卢可能曾经像欧丁一样是渡鸦之神，他还与欧丁一样有着与战争和魔法的关联。在爱尔兰的《入侵记》（*Book of Invasions*）中，渡鸦警告卢，他的敌人弗米安人（Formians）在逼近。里昂（Lyon）市的原名叫卢格敦（Lugdunum），意思是“渡鸦山”，之所以这样叫，是因为飞翔的渡鸦告诉了最初的定居者该在哪里建城。

但是，凯尔特人的渡鸦和乌鸦的意象通常与地府而非太阳有更大的关系。人们在铁器时代凯尔特人的墓穴里发现了许多渡鸦被埋在其中。英格兰威尔特郡（Wiltshire）温克勒伯里（Winklebury）的一只渡鸦被故意摆成展开翅膀的样子放在墓穴底部，这表明它可能是祭祀仪式的一部分。正如已经

提到的，鸦科鸟类最常与战斗女神巴德布和莫里根联系在一起。两者都有幻化出三个分身的能力，她们在战斗之前或战斗期间的出现通常预示着厄运。在古老的爱尔兰传奇故事《库丘兰之死》（*The Death of Cu Culainn*）中，神话英雄库丘兰在上战场的途中遇到了三位类似乌鸦的女巫，很可能是巴德布显灵，她们通过诱骗他吃狗肉使他违反了禁忌。不久之后，库丘兰受了致命伤，为了能站着死，他把自己绑在一棵树上。他的敌人远远地看着，不敢靠近他，直到一只乌鸦或渡鸦，即巴德布，落在他的肩膀上。

威尔士的《马比诺吉昂》（*Mabinogion*）中的故事只是离骑士的世界更近了一点。在《罗纳布维之梦》（“The Dream of Rhonabwy”）中，两位部落酋长亚瑟（Arthur）和奥维恩（Owein）在很像国际象棋的棋盘游戏中斗智，而他们的随从则投入战斗。亚瑟的伙伴是他的骑士；奥维恩的同伴是有魔力的渡鸦，能够从创伤中恢复，甚至能死而复生。渡鸦们即将打败亚瑟的士兵，这时首领们结束

他们的争斗并宣布和平。

在故事《布兰文，莱尔的女儿》（“Branwen, Daughter of Llŷr”）中，主人公是巨人布兰（Brân），他的名字在威尔士语中的意思是“乌鸦”或“渡鸦”。他的妹妹布兰文名字的意思是“白乌鸦”，嫁给了一个爱尔兰酋长，但被她的丈夫虐待。她派一只八哥把她受虐待的消息送到了大海的另一边。不久，布兰的军队就入侵了爱尔兰。经过一场可怕的战斗，布兰和他的手下杀死了爱尔兰的所有人，除了五名在洞穴里避难的孕妇。布兰本人受了致命伤，而他的追随者中也只有六人幸存下来。在巨人的命令下，他的手下砍下他的头颅，他的头还能继续说话，战士们把头带回伦敦。他们最终把头颅埋在伦敦塔里，传说塔里的渡鸦是布兰的灵魂。只要渡鸦不从那里消失，就永远不会有人成功入侵英国。

人们较少像古代一样求助于动物的预言，而是更多地把动物当作道德教训的提供者或审美沉思的对象。同样出自《马比诺吉昂》的故事《佩雷杜尔，费劳格的儿子》（“Peredur, Son of Efrawg”）

中有一个著名的场景，英雄佩雷杜尔偶然遇见一只在雪地里啄食鸭子的渡鸦，他开始梦想他的爱人。雪的白色让他想起了她的皮肤，而渡鸦的黑色就像她的头发，两滴血就像她脸颊上的红色。这一意象加以变化后在民间文学中被多次重复，例如沃尔夫拉姆·冯·埃申巴赫（Wolfram von Eschenbach）的骑士史诗《帕西法尔》（*Parzifal*）和格林兄弟的童话《白雪公主》。这一场景概括了与中世纪联系在一起的所有美丽和残酷。

中世纪在时间上可能比希腊–罗马世界更接近我们，但在许多方面更加神秘。希腊花瓶和罗马壁画上的人物似乎明显地专注于自己的活动。相比之下，中世纪绘画中的人物通常直视着我们这些观众，眼神严厉而略显忧郁。中世纪和文艺复兴时期的画家常常在一幅画中画出一个故事的几个场景，提醒我们它们代表了永恒状态的一部分。

在中世纪的动物寓言集中，动物主要是讽喻性的，由全能的神创造，用来向人类说明道德教训。因此，雄鹿和大象可能象征着基督，而蛇和猪可以

Quorum os maledictione et amaritudine
plenum est: veloces pedes eorum ad effundendum
sanguinem
Contritio et infelicitas in viis eorum: et viam
pacis non cognoverunt: non est timor dei an
te oculos eorum
Nonne cognoscent omnes qui operantur in
iquitatem: qui devorant plebem meam si
cut escam panis
Dominum non invocaverunt: illic trepidave
runt timore: ubi non erat timor
Quoniam dominus in generatione iusta est
consilium inopis confudistis: quoniam domi
nus spes eius est
Quis dabit ex syon salutare israel: cum aver
terit dominus captivitatem plebis sue exulta
bit iacob et letabitur israel
Domine quis habitabit in tabernaculo
tuo: aut quis requiescet in mõte scõ tuo.
Qui ingreditur sine macula: et operatur iusticiã.
Qui loquitur veritatem in corde suo: qui nõ
egit dolum in lingua sua
Nec fecit proximo suo malum: et obprobriũ
non accepit adversus proximos suos

《阿方索诗篇》(*Alphonso Psalter*, 13世纪)中一只乌鸦的插图。虽然画得很漂亮，但奇怪的是，这本圣诗集中的鸟看起来是静止的，也许是因为艺术家试图用永恒的视角来描绘场景。

科查雷利（Cocharelli）彩绘手抄本（*Tractatus de vitiis septem*，14世纪末）中的乌鸦和其他鸟类。中世纪经常被认为是“超世俗的”，但画这些鸟的艺术家显然很喜欢观察大自然。

代表魔鬼。但是，中世纪的作家往往只是以讲述动物的故事为乐。随着欧洲皈依基督教，拟人化的异教神灵的灭亡有时会让一个更古老的传统重新出现。中世纪欧洲的民间基督教通常不像希腊和罗马的宗教那样以人类为中心。在中世纪文学中，动物往往不像在希腊人和罗马人的文学中那样仅仅作为拟人化存在的使者，而是作为男人和女人故事的积极参与者。

当中世纪的人们改编早期的口头传说以适应基督教教义时，他们经常添加一种道德光彩。然而，鸦科鸟类既表现出善，又表现出恶，甚至像《旧约》中的耶和华一样，同时作为善与恶出现。作者可能会在一段话中颂扬乌鸦，却在下一段中狠狠地诅咒它们。富伊瓦的休（Hugh of Fouilloy）的《鸟舍》（*Aviarium*）写于12世纪前半叶，但在近三百年后才发表。书中说："渡鸦有时被理解为传道者，有时被理解为罪人，有时被理解为魔鬼。"[2]也许是因为渡鸦意味着善与恶的结合，所以法国农民过去常说堕落的牧师会变成渡鸦，而坏修女会变成乌鸦。

乌鸦和渡鸦尤其与死亡密切联系在一起。每一个战士——至少一直到历史上很近的时代为止——都知道他的一种可能的命运是被乌鸦吃掉。在那些认为死者在阴间的命运至少部分取决于厚葬与否的文化中，这尤其令人不安。令人毛骨悚然、时而异想天开的细节，有时会被添加到关于食腐的乌鸦的记述中。中世纪的作家——如塞维利亚的伊西多尔（Isidore of Seville）和富伊瓦的休——说渡鸦会先啄出受害者的眼睛，然后通过眼窝取出脑子。康拉德·冯·梅根伯格（Konrad von Megenberg）在他于1349年出版的通俗博物学著作中记述，渡鸦会故意啄出农场里骡子或牛的眼睛。农民们看到家畜不再有用，就会杀了它们，剥了皮。这样，聪明的渡鸦就有机会吃掉一部分尸体。

被动物吃掉的想法有时会引起非常原始的恐惧。作为尸体被留给乌鸦和渡鸦意味着——换句话说——被抛弃，被赶出人类社会。这是罪犯的命运，他们的尸体被遗弃在绞刑架上示众。这在盎格鲁-撒克逊史诗《贝奥武甫》中得到了生动的表

达，该史诗写于公元7世纪中叶到10世纪末之间：

> 这就像一个老人活着看到儿子的尸体在绞刑架上摆动时所感受到的痛苦。看到渡鸦幸灾乐祸地注视尸体悬挂的地方，他开始为他的儿子恸哭流泪……[3]

对犯罪生活的警告常常联系着被乌鸦和渡鸦吃掉的命运。罪犯被斩首的砧板后来被称为“乌鸦石”。

在许多流行民谣中——其中一些可以追溯到中世纪或更早——渡鸦或乌鸦俯视战场，打算吃掉某个被杀的骑士。一首来自苏格兰-英格兰边境地区、作者不详的民谣《两只乌鸦》（“The Twa Corbies”）是这样的[①]：

① 该民谣采用的是啊呜的译本，有部分改动。参见 http://blog.sina.com.cn/s/blog_4900a0cc010003oz.html。

在这幅19世纪威廉·考尔巴赫（Wilhelm Kaulbach）为列那狐的寓言画的插图中，乌鸦们以为狡猾的主人公死了，来啄食他的身体。更多的乌鸦聚集在附近的绞刑架上。

我独自在路上游荡，
听见两只乌鸦哀叹，
一只对另一只说：
“今天我们去哪儿弄晚饭？”

“你后方的老土墙旁，
我知道有个骑士刚刚被杀，
没人知晓他躺在那里，
除了他的鹰、犬和娇妻。

“他的猎犬去捕猎跑远了，
他的鹰叼着野禽归巢，
他的妻子已有了新欢，
因此我们将享用美餐。

“你可以站在他白皙的脖颈上，
而我可以啄出他迷人的蓝眼珠，
再拔一撮他的金发，
一旦窝顶光秃我们就盖上。

公元5世纪或6世纪的原始维京人画像石的图案。两位武士在战斗，而一只鸟（可能是乌鸦）在等待吞食战败者的尸体。

“很多人为他悲叹，

但没人知道他的去向，

等到他的白骨暴露荒野，

长风将久久吹荡。”[4]

在这首民谣的其他版本中，忠实的夫人和猎犬守护着骑士的尸体，保护其不受乌鸦或渡鸦的伤害。

在莎士比亚（Shakespeare）的戏剧《裘力斯·凯撒》（*Julius Caesar*，第五幕第一场）中，反叛者凯歇斯（Cassius）预感到自己的失败，他说：

……只有一群乌鸦鸱鸢，

在我们的头顶盘旋，

好像把我们当作垂毙的猎物一般；

它们的黑影像是一顶不祥的华盖，

掩覆着我们末日在迩的军队。①

① 该段引文采用的是朱生豪的译本。参见莎士比亚：《莎士比亚全集（五）》，朱生豪等译，人民文学出版社 1994 年版，第 178 页。

这些话在剧中最后几句台词中得到呼应，屋大维（Octavian）和马克·安东尼（Mark Antony）宣布，被击败的布鲁图（Brutus）至少会被体面地安葬。

从中世纪末期到现代，描绘一群栖息在绞刑架周围的乌鸦已成为视觉艺术的一种惯例，但有一个有趣的例外。乌鸦从未被展现聚集在被钉十字架的基督的身体周围，或者就这件事来说，也从未聚集在与他一起被处决的两个强盗的尸体周围。它们也几乎从来没有被展现啄食殉道者的尸体，尽管对殉难场景的描绘往往有血淋淋的细节。如果乌鸦以这种身份被展现，这种鸟肯定被妖魔化或美化了。事实上，它们通常受到尊重，这对任何种类的动物来说往往安全得多。

1562年，弗拉芒画家老彼得·勃鲁盖尔（Pieter Bruegel the Elder）完成了一幅通常题为“死亡的胜利”（*The Triumph of Death*）的油画，画中有一个骨瘦如柴的人物，一手拿着沙漏，另一手拿着铃铛，骑着一匹马，马拉着装满头骨的马车。也许因为饥饿和瘟疫而虚弱不堪的几个人，正被碾压在前

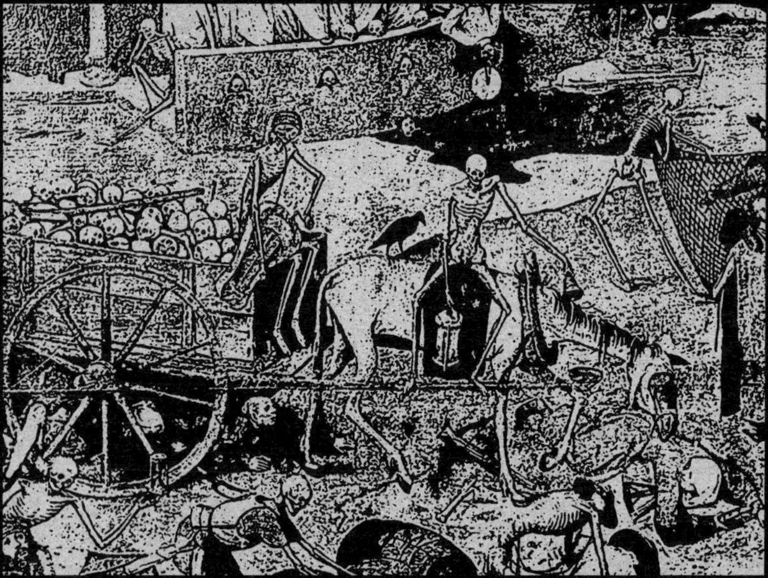

在老彼得·勃鲁盖尔的油画《死亡的胜利》（1562）中，代表死亡的憔悴人物驾着一匹马和一辆满载头骨的马车，从不幸的男人和女人的身体上碾过。注意他们栖息在马背上的“魔宠”。

进的马车轮子之下。在马背上，就在憔悴的骑手后面，还有一只大乌鸦或渡鸦，俯视着垂死的和已经死去的人。

欧洲诸多迷信让乌鸦和渡鸦成为死亡的化身。如果一只乌鸦飞过屋顶三次，或者栖息在屋顶上，那就意味着里面的人很快就会死掉。在英格兰的东约克郡，人们说如果一只乌鸦栖息在教堂的墓地里，一年之内就会有人被埋在那里。渡鸦是特别不祥的：如果一只渡鸦在病人的房子附近嘎嘎叫，那个人就活不了多久了。现存于牛津大学博德利图书馆（Bodleian Library）的一份中世纪晚期手稿讲述了伦敦人在1474年前后遭受了三年的瘟疫：

> 在伦敦的查令十字街孵出了一只渡鸦，以前从未有人见过渡鸦在那里孵化。在此之后，瘟疫持续了三年，死者无数。各地的人大量死亡，男人、女人和孩子。[5]

莎士比亚的《奥瑟罗》（第四幕第一场）中也

有一次间接提到这种迷信，即渡鸦可以预言死亡。主人公说：

> 啊！它笼罩着我的记忆，
> 就像预兆不祥的乌鸦在染疫人家的屋顶上回旋一样……[1]

在莎士比亚的《麦克白》（第一幕第五场）中，麦克白夫人在策划谋杀国王邓肯时说：

> 报告邓肯走进我这堡门来送死的乌鸦，
> 它的叫声是嘶哑的。[2]

① 该段引文采用的是朱生豪的译本。参见莎士比亚：《莎士比亚全集（五）》，朱生豪等译，人民文学出版社 1994 年版，第 635 页。

② 该段引文采用的是朱生豪的译本。参见莎士比亚：《莎士比亚全集（五）》，朱生豪等译，人民文学出版社 1994 年版，第 207 页。

但我们应该记住，虽然渡鸦可能是厄运的信使，但它似乎很少是不幸的原因。

对于死亡，中世纪和文艺复兴时期的人远比今天的人熟悉。当时的预期寿命较短，尤其是因为应对饥荒或疾病的保护措施相对较少。几乎整个欧洲的人口都是农村人口，人们从小就看到杀鸡宰猪作为食物。对于那些可以期待或者至少可以希望获得永恒幸福的人来说，死亡并不一定是件坏事。作为一个人生命的顶点，死亡的庄严壮丽令人印象深刻。此外，死亡并不被视为私事，而更多被看作公共事务。人们希望能提前知道他们的死亡时间，以便为之做好准备。他们希望死在床上，身边有家人、朋友，也许甚至是可以互相原谅的老冤家。没有人希望突然被死神带走，从而被剥夺与上帝和世人讲和的机会。渡鸦对死期临近的宣告可能令人恐惧，但人们仍然常常觉得这是一种福分。

正如我们已经看到的，罗马人把渡鸦或乌鸦的叫声理解为“*cras*”，意思是“明天”。中世纪末期，随着致命的瘟疫和日益残酷的战争开始席卷欧洲，这

Crab
Crab
Crab

一叫声被理解为对必死命运的提醒。与此同时，这个叫声也是拖延者的象征，通常是那个会自满地推迟与上帝讲和的人，没有意识到他随时都可能死去。

随着文艺复兴时期异教学说的复兴，乌鸦成为少女潘多拉的象征。根据赫西奥德第一次讲述的希腊神话，她打开了一个盒子，里面装着世界上所有的恶。她意识到发生了什么事后，砰地关上盖子，只剩下希望还在盒子的底部。随着中世纪晚期和文艺复兴早期极端悲观的情绪开始让位于一种进步的理想，人们更多是把这个少女看作容易犯错的人性的象征，而非罪恶的象征。鸦科鸟类“*cras*”或“明天”的叫声似乎引起了更乐观的共鸣，画家们有时在潘多拉的盒子上或肩膀上画一只乌鸦。

乌鸦与必死的命运的关联，今天仍然存在于我们的“乌鸦脚”（crow’s feet）这一表述中，意思是眼角的鱼尾纹。这种说法大概可以追溯到魔法咒语中使用的乌鸦脚。乌鸦与预言的联系反映在“乌鸦巢”（crow’s nest）这一表述中，意思是靠近船桅顶端的瞭望塔。这个说法部分源自乌鸦在树顶附近筑

这枚盾形纹章对渡鸦出名的叫声“cras”或者说“明天”持乐观态度。詹姆斯·艾特肯（James Aitken）的座右铭是：“今天快乐，明天多三倍。”

巢的习惯。然而，由于在乌鸦巢中值班的水手竭力瞭望陆地或远方的船只，所以他有点像未卜先知的人——也就是乌鸦。

中世纪的几个传说与圣经中以利亚的故事相呼应，让乌鸦或渡鸦作为上帝的使者。例如，雅各·德·佛拉金（Jacob de Voragine）在《黄金传说》（*The Golden Legend*）中讲述了隐士圣保罗曾经在森林的洞穴里避难，以躲避德西乌斯皇帝（Emperor Decius）的故事。每天都有一只乌鸦给他带来半条面包。然而有一次，圣安东尼拜访了圣保罗，于是乌鸦带来了一整条面包。

乌鸦经常和圣文森特描绘在一起。雅各·德·佛拉金讲述了达契安皇帝（Emperor Dacian）如何下令将殉道者圣文森特的尸体遗弃在旷野，让食腐动物吞食。一群天使首先出现在尸体周围，这样野兽或鸟类都无法接近。然后一只乌鸦飞下来，攻击了其他的鸟——其中一些比它自己还大——把它们都赶走了。一只狼走近了，但乌鸦又叫又啄，把狼也赶走了。最后，乌鸦转向尸体，在惊奇中目不转睛地

凝视着。我们可以把这只神秘的乌鸦理解为基督的象征，尽管它看起来更像是异教徒而非基督徒。

在伊斯兰教中，人们对乌鸦的看法要负面得多。在一个流行的传说中，有一次穆罕默德藏在山洞里躲避敌人，这时一只乌鸦——当时是白色的鸟——看到了他。乌鸦叫“Ghar！Ghar！”——也就是“洞穴！洞穴！”的意思——企图出卖先知。然而，那些追兵却不明白，从洞口走了过去。穆罕默德离开避难所时，把乌鸦变成黑色并诅咒它说，从那天起，乌鸦必须永远重复那种奸诈的叫声。

13世纪的阿拉伯百科全书作者，伊拉克的

在阿尔布雷希特·丢勒的木刻画《圣安东尼和圣保罗在荒野》（*St Anthony and St Paul in the Wilderness*，1504）中，一只渡鸦为两位隐士带来了一条面包。

哈姆杜拉·阿尔-穆斯塔法·阿尔-卡兹韦尼（Hamdullah Al-Mustaufa Al-Qazwini）在他关于动物的专著中写到，乌鸦是动物中的“五个坏蛋”之一，其他几个是疯狗、蛇、老鼠和鸢。[6]穆斯林在前往麦加朝圣期间被禁止狩猎或杀死动物。然而，上述几种动物被认为非常有害，因而是例外。信徒有义务在任何情况下消灭这类有害的动物。然而，阿尔-卡兹韦尼提到了许多可以用鸦科鸟类的尸体制造的有魔力的物品和药物，以至于读者可能会怀疑它们是否真的只是出于宗教义务而被杀死的。也许它们被杀是因为用它们的尸体可以实现诸多奇迹。例如，乌鸦的脾脏对任何把它挂在身上的人来说都是一种爱情魔咒。秃鼻乌鸦的油脂与玫瑰油混合后搽在脸颊上会使苏丹答应你的任何请求。对于那些喜欢挑起动乱的人来说，如果把乌鸦或秃鼻乌鸦的一只眼睛和猫头鹰的一只眼睛混合在一起并焚烧，会导致一群人中爆发长期争斗。

中世纪和文艺复兴时期，犹太人对乌鸦的看法通常也是负面的。极其著名的埃及拉比以撒·卢利

亚（Isaac Luria）提出了灵魂轮回的理论，类似于几种亚洲宗教中的理论。在这种理论中，一个生命体在通往救赎的道路上可能经历许多化身。他的追随者有时声称，那些对穷人冷酷无情的人可能会转世为乌鸦。萨法德的摩西·加兰特（Moses Galante of Safed）说，拉比卢利亚曾经认定两只渡鸦是圣经人物巴勒（Balak）和巴兰（Balaam）的灵魂。而另一只乌鸦——据称也是卢利亚的说法——是一位讨厌的税吏的转世。然而，对于犹太人或任何其他人来说，乌鸦是日常生活中太过熟悉的一部分，不可能始终如一地用负面或正面的态度看待它们。在便携式钟表发明之前，人们通常主要以动物的叫声和行为来标记时间。当乌鸦安顿下来过夜时，犹太人就会开始他们的休息时间。

在英国，对鸦科鸟类的图腾崇拜可能比欧洲其他任何地方都历史悠久，尽管已没有了最初的神话背景。皮埃尔·贝隆（Pierre Belon）在《鸟类的自然历史》（*L' Histoire de la Nature des Oyseaux*，初版于1555年）一书中说，英格兰禁止对渡鸦造成任何

伤害，违者处以重罚。贝隆给出的理由是，如果渡鸦不吃掉尸体，肉就会腐烂，污染空气。我们可以认为这个理由是“生态的”，但英格兰人可能是从非常实际的角度来考虑这个问题的。他们凭直觉意识到腐肉和疾病之间的联系，但他们首先希望避免令人不愉快的景象和气味。

然而，约在贝隆半个世纪之后，西班牙的米格尔·德·塞万提斯在他的著名小说《堂吉诃德》中，提出了英格兰人禁止杀害渡鸦的另一个解释。男主人公解释说，英国的亚瑟王已经变成了渡鸦，他的人民等待着他的回归。他们不愿杀死渡鸦，生怕它可能是传说中的国王。民俗学家已经证实，这种信仰至少在19世纪的最后几十年里仍然存在于威尔士和康沃尔郡（Cornwall）。在这个传说的某些版本中，国王变成了红嘴山鸦。这个故事可能反映了对作为图腾动物的乌鸦某种挥之不去的崇敬。

在中世纪和文艺复兴时期的口头传说中，神圣和亵渎的象征符号之间存在着奇怪的平行关系，很多时候同一物体或生物可能象征着这两种品质。

因此，苹果在夏娃手中时是人类堕落的象征，而在“新夏娃”圣母玛利亚手中时则成了救赎的象征。类似地，乌鸦或渡鸦可能代表着善或恶的极端，这取决于它出现的背景。在圣文森特面前，渡鸦是上帝的化身，但在伴随女巫时，它就是魔鬼的使者。

把乌鸦与巫术联系起来一定程度上是对它们在占卜术中古老用法的否定。中世纪的动物寓言集，今天在我们听起来往往很迷信，但它们强调说乌鸦不应被视为未来的预兆。17世纪中叶的英国动物学家爱德华·托普赛尔（Edward Topsell）说：“相信上帝把他的忠告传达给乌鸦是一种极大的邪恶。”[7]他继续补充说，像美洲印第安人那样使用乌鸦进行占卜实际上是邪灵的工作。格林兄弟在他们搜集的德国传说中说，来自列日省（Lüttich）的一名男子和他的女人在1610年被处决，因为他们以狼的形式四处游荡，而他们十二岁的儿子作为渡鸦伴随着他们。伊泽贝尔·戈迪（Isobel Gowdie），一个于1662年供认施巫术的苏格兰女人，说乌鸦是女巫在晚上四处游走时最喜欢采用的一种形式。

然而，女巫的魔宠一般都是比乌鸦和渡鸦小的动物。马姆斯伯里的威廉（William of Malmesbury）谈及格洛斯特郡（Gloucestershire）伯克利镇（Berkeley）的一位英国女巫，她最喜欢的魔宠是一只寒鸦，这只鸟叽叽喳喳的叫声常常像是在模仿人类说话的节奏。1065年的一天，这只鸟比平常更唠叨了。那女人吓得手中的餐刀都掉了，因为她意识到自己快死了。那一天她确实变得重病缠身，魔鬼很快就把她带走了。

文艺复兴时期的炼金术士们设计出复杂而深奥的方法来利用乌鸦——尤其是渡鸦——的神秘力量。英国人罗伯特·弗勒德（Robert Fludd）在17世纪初撰文，将蒸馏后在曲颈甑底部留下的黑色沉淀物称为“渡鸦”或“渡鸦的头”。弗勒德认为，这是宇宙当初被创造出来时所用的原始材料。这是魔鬼的居所，但也是通向上帝的起点。在炼金术士错综复杂的寓言中，渡鸦可能被等同于坟墓或日食。渡鸦吃腐肉，甚至吃人类的尸体，代表了世界缓慢而不可阻挡地走向完美的过程中万物的转变。

# IV

# 亚洲

# ASIA

在人类中，理发师最聪明；
豺是野兽中最聪明的；
乌鸦是最聪明的鸟；
白袍是祭司中最聪明的。

——《五卷书》(*The Panchatantra*)

亚瑟·W. 赖德(Arthur W. Ryder)译

很少有一种主要宗教，像美洲印第安人的鬼舞宗教（Ghost Dance Religion）那样，基本上以乌鸦或渡鸦为中心。然而，鸦科鸟类在世界上大部分地区都与预言、智慧和长寿有关。也许，在非常古老的时代，有一种乌鸦崇拜，逐渐蔓延到世界各地，现在依然存在于零星的传说和民间信仰中。这种狂热崇拜的地理中心可能是亚洲中北部。从那里，它似乎已经扩散到东边的因纽特人和有关民族、西边的凯尔特人和北欧人，并且以较弱的形式传播至希伯来人、中国人及其他许多民族。许多人类学家注意到，西伯利亚人的萨满教信仰和远北地区美洲原

住民的信仰有相似之处。在整个北极圈和更远的地方，渡鸦或乌鸦有时被作为造物主而受到赞美。渡鸦有时也是个骗子，既神圣又下流。

创世神话不是民间传说中最古老的产物，它们一般出现在部落社会向更国际化的社会过渡的时期。创造世界的神灵并不总是那些被积极敬奉的神，造物的神话往往是为了纪念一个逝去的时代。例如，希腊的盖亚（Gaia）和印度教的梵天（Brahma）这样的造物主，就将当前的宗教传统与更古老的过去联系起来。在北极圈内的民族中发现的渡鸦或乌鸦创造天地的几个神话可能是一种现已遗失的神话学的残余。这些神话通常是零碎的，没有纳入任何完善的宗教宇宙学。它们是顿悟的时刻，有点像雪地中突然出现的渡鸦。

西伯利亚东北部的楚科奇人（Chuckchee）传说，从前只有渡鸦和他的妻子，他们感到无聊。当渡鸦的妻子要求他创造一个世界时，她的丈夫回答说，他不知道怎么做。然后，她去睡觉，并生下一对双胞胎，孩子们没有羽毛，刚开始被渡鸦嘶哑的

叫声逗乐了，他们是最早的人类。渡鸦受到她的行为的挑战和启发，创造了大地。他排出的粪便变成山岳、河流和峡谷，然后他又创造了动物和植物。白令海峡库库利克岛（Kukulik Island）的因纽特人传说，渡鸦潜入水中并捞起沙子，从而创造了他们的陆地。沙子里的鹅卵石变成了人类，渡鸦教人们打猎和捕鱼。

在西伯利亚堪察加半岛的科里亚克人（Koryak）的传说中，大渡鸦（Big Raven）是世界的创造者和部落的祖先。渡鸦人（Raven Man）是他堕落的对应者，贪婪、冲动而强大。在一个故事中，渡鸦人向大渡鸦的大女儿伊耶娜娜（Yinyé-a-nyéut）求婚，但她已经嫁给了小鸟（Little Bird）。突然之间，一切都完全陷入黑暗，一位萨满教法师猜测，渡鸦人吞下了太阳。伊耶娜娜去找渡鸦人，她用献媚和恭维的话语分散他的注意力。然后，她突然抓住他，胳肢他的腋窝，直到渡鸦人哈哈大笑，太阳逃了出来。

一个日本传说也讲述，曾经有一只怪物准备吞

吃太阳。为了防止这种情况，天上的统治者们创造了第一只乌鸦。正当太阳即将消失的时候，乌鸦直接飞入怪物的喉咙，噎住了它，从而拯救了太阳。今天，乌鸦要求从田野里得到粮食，作为那次英雄主义行为的回报，农民几乎不能吝惜这种报酬。

在许多传说中，乌鸦或渡鸦成为命运的化身，其中也许有古老的鸦神的痕迹。例如，日本人传说，英雄神武天皇（Jimmu-Tenno）四处游荡，寻找一个地方来建立他的王国，这时他看到了太阳女神天照大神（Amaterasu）派来的一只乌鸦。他跟随乌鸦来到大和（Yamato），于公元前660年定居在那儿，成为所有日本天皇的祖先。

中国神话中最受欢迎的人物之一神射手羿的故事中也讲述了乌鸦和渡鸦与太阳的密切联系。从前，有十个太阳住在海外的天国桑树中。这些是天神帝俊和太阳女神羲和的儿子，每天都有一个儿子升上天空。有一天，太阳们违背了天命，十个太阳同时出现在天空中，烤焦庄稼，使海洋干涸，甚至使冰川融化。传说中的儒家皇帝尧向帝俊祈求帮

梅花的娇美和短暂是日本美术和诗歌中常见的主题。在河锅晓斋（Kawanabe Kyosai）的《满月乌鸦栖梅枝》（*Full Moon with Crow on Plum Branch*，19世纪80年代）中，这一主题通过与乌鸦的对比而得到强调。

助，天神派羿带着弓箭去吓唬太阳，让他们回到树上。然而，羿却确定自己别无选择，只能射下太阳。每射出一支箭，天空就出现一个巨大的火球，而一只三条腿的乌（渡）鸦就掉在地上。尧担心，如果不让羿停下来，世界会陷入黑暗之中，于是他从箭手的箭袋偷走了一支箭，这样，最后一个太阳才幸免于难。中国的汉代雕刻有时展现太阳中三条腿的乌（渡）鸦，三条腿分别对应黎明、正午和黄昏。

约1860年的一幅日本版画中的乌鸦一家。母亲专心地寻找食物，而父亲紧张地看着孩子们尝试可能是它们的第一次飞行。

在中国，就像在世界上大部分地区一样，乌鸦和渡鸦在地方传说中至少和在普遍神话中一样重要。关于一个变成乌鸦的男人的迷人故事出现在通常被称为“聊斋志异”的集子中，该故事集写于17世纪，被认为是蒲松龄的作品。一个名叫鱼客的年轻人是湖南人，家境贫寒，他在科举落榜回来的路上感到绝望，停下脚步，在吴王庙里祷告，吴王是道教中的乌鸦之神。鱼客正要休息时，一位侍从前来领他到吴王本人面前。在神的命令下，这位可怜的书生被赐予一件黑色的长袍。穿上那件衣服，他发现自己变成了乌鸦。然后他娶了一只名叫竹青的乌鸦，并与她和其他乌鸦一起，接住水手们为求好运扔给他们的糕饼和肉块。然而，他没有听从妻子的忠告，太随便地接近人类，被一名士兵射出的箭击中胸部。

鱼客突然发现自己变回人形，受了伤躺在寺庙的地板上。康复后，他并没有忘记作为一只乌鸦与竹青的生活。他回到庙里敬拜，向吴王祈祷，给乌鸦留下食物。后来，鱼客中举回来，献上一只羊

供拜。这引来了一群鸟，其中有如今成为河神的竹青。她把那件黑色的长袍还给了她的丈夫，说如果他想见到她，只需穿上它，飞到她的家里。

在古老的印度教史诗《罗摩衍那》（*Ramayana*）中，死亡之神阎摩（Yama）曾经变成乌鸦的样子以躲避恶魔拉瓦那（Ravana）。恢复了真实形态后，阎摩祝福乌鸦，说这种鸟永远不会因衰老或疾病而死亡，尽管它仍然可能被杀死。由于这一祝福，即使在严重的饥荒时期，乌鸦也会先于人类找到食物。一些印度教徒把食物留给乌鸦作为对阎摩的奉献，希望他会仁慈地对待逝去的朋友和家人。但是在印度教中，乌鸦不仅是阎摩的象征，也是天上英明的国王伐楼拿（Varuna）的象征。

猫头鹰在西方民间传说中可能以智慧而闻名，但在印度，这种荣誉属于乌鸦。在这两种传统中，乌鸦和猫头鹰永远在史诗般的战争中交战，这可能代表着白天和黑夜之间的冲突。《五卷书》是印度教传统的一部伟大的动物史诗，它用了一整卷来讨论乌鸦和猫头鹰之间的冲突。

有一次，鸟儿们聚集在一起来选举一位国王，最终因为其庄严的外表而选择了猫头鹰。他们正在准备一场盛大的加冕典礼，猫头鹰将坐在装饰着狮子的金色王座上，婆罗门将朗诵诗歌，少女们将歌唱。突然，鸟类中最聪明的乌鸦出现了。他嘲笑这个选择，说猫头鹰长得太丑了，钩状的嘴巴，外加斗鸡眼。他的容貌没有温柔，他的天性没有怜悯。此外，乌鸦解释说，鸟类已经有一个国王揭路荼（Garuda），即毗湿奴神（Vishnu）的鹰头坐骑，接受另一个国王将是对天国的冒犯。乌鸦接着讲了许多故事，关于那些因做出愚蠢选择而付出代价的人。其他的鸟儿同意他的说法，于是飞走了。白天一直在睡觉的猫头鹰晚上来参加加冕仪式，了解到发生了什么事情，从那以后猫头鹰就和乌鸦结了仇。

接下来是一个残酷的阴谋和背叛的故事，类似古代小酋长之间的战争。一只叫“多云”（Cloudy）的乌鸦王把朝廷设在一棵大榕树上，而一只名叫“敌人粉碎者”（Foe-Crusher）的猫头鹰王则在附近的一个洞穴里上朝。“敌人粉碎者”和

他的随从杀死了他们遇到的每一只乌鸦，直到榕树底下到处都是尸体。最后，一只名叫“坚强生活”（Live-Strong）的特别聪明的乌鸦想出了一个复仇计划。

在一场刻意安排的打斗中，“多云”辱骂“坚强生活”，轻轻地啄他，并把血涂在他身上，然后带着朝臣们飞走了。正如乌鸦们所计划的那样，间谍向“敌人粉碎者”报告了这场战斗，后者欢迎“坚强生活”成为盟友。狡猾的乌鸦使猫头鹰王如此着迷，以至于赐予他上等的食物。他就住在猫头鹰洞穴的外面，他逐渐在那里堆起一堆枯枝。有一天，当猫头鹰们睡着时，乌鸦来了，点燃了引火物，烧死了他们的对手。

鸦科鸟类中最有魅力的也许是喜鹊，它在东西方都以不停地叽叽喳喳和偷窃闪闪发光的物体而闻名。普通喜鹊（Picapica）具有黑白分明的斑纹，遍布欧亚大陆和美国部分地区。东亚的蓝绿鹊（Cissa chinensis）外观更加引人注目，羽毛像天堂鸟一样鲜亮。尽管喜鹊很顽皮，但它也是家庭生活的象

尽管乌鸦在伊斯兰文化中有着普遍的负面名声，但说书人和画家都很欣赏它们在寓言《乌鸦把猫头鹰困在洞穴里》（“Crows Trapping Owls in a Cave”）中的聪明。这幅14世纪的插图来自一本阿拉伯寓言集《卡里莱和笛木乃》（*Kalila wa Dimna*），它是印度教的《五卷书》的译本。

征，因为它建造极其复杂的半球形巢穴，悬挂在树枝上，巢口开在一侧。喜鹊在中文中的字面意思是“欢乐之鸟”，它被认为是好兆头的承载者。

最重要的是，喜鹊是情侣的守护神。一个流行于东亚大部分地区的故事有很多版本，讲述了机杼女工织女嫁给了一个名叫牛郎的放牛少年。织女是天帝的孙女，她的任务是纺织云朵图案的天布。结婚后，织女成天和丈夫欢笑嬉戏，忽略了自己的职责。最后，天帝决定把他们分开。他把织女放在东方的天空，把牛郎放在西方的天空，在两者之间设置了银河。于是夫妻俩哭得很厉害，以至于地上洪水泛滥。结果，在阴历的七月七日，喜鹊（在有些版本中是乌鸦）高飞，架起一座横跨天空的桥。织女是织女星（Vega），牛郎是牛郎星（Altair），分别在天空的两侧，每年由鸟儿们帮他们团聚。

V

# 美洲土著文化

# NATIVE AMERICAN CULTURE

陆地——乌鸦，
陆地——乌鸦，
乌鸦带来了陆地，
乌鸦带来了陆地。

——阿拉帕霍印第安人（Arapaho Indian）歌曲

乌鸦或渡鸦在远北地区的神话和传说中非常突出。部分原因可能是乌鸦的黑色在雪地上最引人注目，也可能是乌鸦的刺耳叫声在北极的寂静中产生强烈的共鸣。最重要的解释是，在北方条件极为恶劣的地区，很少有真正足够的食物，所以乌鸦靠腐肉生存的能力极其令人敬畏。

因纽特人和西北海岸的民族与西伯利亚的科里亚克人一样崇拜乌鸦或渡鸦，表明这些传说是穿过白令海峡迁移而来的。像现代以前的欧洲人一样，北美土著居民一般没有明显区分渡鸦和乌鸦。无论如何，渡鸦（方便起见我们就用此称呼）似乎在冒

险过程中不断地改变形状和个性。

在因纽特人中，就像在欧洲和亚洲一样，渡鸦一直以预言而闻名。因纽特人有时会保留渡鸦的爪子作为护身符，帮助他们寻找食物，因为每当有动物或人类被杀死时，渡鸦都会出现。看到渡鸦在头顶上飞翔时，因纽特人有时会叫它们，问它们是否见过驯鹿或熊。他们过去相信（并且现在仍然常常相信），渡鸦会伸出一只翅膀指示猎物的方向。因纽特人说，当萨满教法师的灵魂离开他的身体去飞翔时，经常会看到渡鸦飞过他的冰屋。

因纽特人屈指可数的创世神话之一，讲述了一个名叫图伦古萨（Tulungusaq）的生物出现在空中。当燕子给他看虚空底部的黏土时，他变成渡鸦或乌鸦的样子，以取回这种原始的物质，然后用这些材料塑造出植物、动物和男人。从对自己创造的惊异中恢复过来后，渡鸦创造了女人来陪伴男人。最后，他创造了太阳和月亮，以驱除原始的黑暗。

夏洛特皇后群岛（Queen Charlotte Islands）的海达印第安人（Haida Indian）有两种关于渡鸦的

故事。关于“大渡鸦”（Greater Raven）的故事，通常以庄严的语气叙述。故事中的渡鸦是一位造物主，他首先在无边无际的大海上创造了陆地。这只渡鸦用岩石和树叶创造人类，岩石做的人从未完成，而叶子做的人很快就可以四处走动了。“大渡鸦”向人们展示叶子，并告诉他们，就像叶子一样，他们一定会掉落和腐烂，直到什么也不剩下。就这样，死亡降临到了世界上。

有一个传说讲述了“大渡鸦”有个妹妹，但他不希望她生下任何雄性后代，因为害怕他们可能会挑战他。他的妹妹有很多孩子，他把他们都杀了。在苍鹭的建议下，妹妹吞下一块燃烧的石头，她由此怀孕了。然后，她生下了“小渡鸦”（Lesser Raven），他像石头一样健壮，并会永远活着。“大渡鸦”见状，将世界的统治权交给这只年轻的鸟并隐退。在加拿大北部的阿萨巴斯坎印第安人（Athabascan Indian）中出现了这一神话的变体，它可能受到基督教的影响。在一个让人想起该隐和亚伯的故事中，阿萨巴斯坎人讲述了两只原始的渡

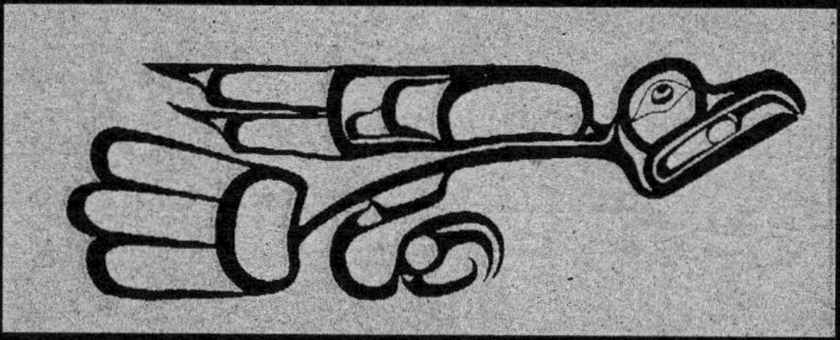

夸扣特尔印第安人（Kwakiutl Indian）
独木舟上的渡鸦图案。

鸦，一只是白色的，另一只是黑色的。白渡鸦创造了世界，黑渡鸦却被嫉妒所吞噬，杀死了他的兄弟。

“小渡鸦”就像郊狼（Coyote），美国西南部印第安人中最著名的骗子。这两个传奇形象既是小丑又是圣人。然而，尽管郊狼以其性欲而闻名，渡鸦却因其贪婪的食欲而臭名昭著。在生死的永恒循环中，毁灭是新的创造所必需的。渡鸦在世界的形成过程中确实扮演了重要的角色，但这往往是他的诡计的附带结果。

他最著名的功绩是为世界偷来光明，西北海岸的各部落讲述了这个故事的各种变体。钦西安人（Tsimshan）传说，渡鸦在全世界散布了鱼和水果，以便他总是有东西吃，但他担心可能很难找到那些食物，因为世界上还没有光明。渡鸦从天空中的一个洞飞上去，在那里发现了另一个世界，非常像我们自己的世界。天上首领的女儿来了，从小溪里汲水。渡鸦将自己变成雪松的松针，然后漂进她的水桶里。公主喝水时，渡鸦进入了她的身体。她

怀孕了，渡鸦以一个小男孩的样子生下来。这个婴儿迷住了酋长和他的妻子，他们允许渡鸦玩一只装有日光的盒子。突然，渡鸦带着盒子跑了，恢复原来的样子，从天空中的洞飞回地上。后来，他一怒之下打破盒子，于是天空中有了太阳、月亮和星星。

在西北海岸的美洲土著居民的故事中，渡鸦的复杂性、矛盾情绪和频繁的形态变化，可以让我们想起旧世界的许多神灵。渡鸦有点像希腊酒神狄俄尼索斯（Dionysus）、北欧神话的火神洛基（Loki）或印度教的破坏之神湿婆（Siva），尽管他的拟人化程度远不及他们中的任何一个。然而，尽管他生气勃勃，但可能是一个难以理解的形象，至少对于那些不熟悉他信徒部落文化的人来说是如此。这些故事可能会变得如此复杂，以至于渡鸦的形象几乎更像是一种形而上学的原则，而不是一种动物。实际上，它们也许有点像当代宇宙学家讲述的关于宇宙初期的原始力量或粒子的故事。

在西南部的印第安人中，乌鸦成为一种狂喜的仪式的中心，回想起来，那似乎是极具悲剧性的。

特林吉特印第安人（Tlingit Indian）的渡鸦氏族（Raven clan）使用的20米长的独木舟的船头。

美国人通常记得19世纪的最后十年是“快乐的90年代”，这是一个几乎没有限制的商业扩张时期。像J. P. 摩根（J. P. Morgan）这样的商人正在建立庞大的金融帝国。北美各地都铺设了大量的铁路，开辟了新的铁路线，使之前令人生畏的地区可供欧洲人定居。亨利·福特（Henry Ford）开始制造第一批美国汽车。但是，对美洲印第安人来说，这段时期绝不是“快乐的”。他们传统的生活方式即将消失。许多人赖以生存的野牛群正在绝迹。他们的保留地不断缩小，北美土著居民自己也持续沦为酗酒和疾病的牺牲品。

1890年前后，在日食期间，一个名叫沃沃卡（Wovoka）的帕尤特印第安人（Paiute Indian）声称在幻象中看到了上帝。他回来告诉他的人民，他们必须爱彼此，与白人和平相处，不要撒谎或偷窃。然后，上帝会将他们的土地恢复到他们祖先时代的状态。猎物会回来，他们的祖先将死而复生。印第安人将生活在一个重新焕发活力的世界，那里没有衰老、疾病和死亡。为了加速这一变化，印第

安人跳了五天五夜的舞，只有短暂的休息时间，其间有几个人在幻象中看到了他们的祖先。北美土著居民普遍认为沃沃卡是基督的第二次降临，尽管他本人并没有提出这样的主张。

新的宗教仪式带来了新的希望，但它最终导致了更大的悲剧。很快，不同部落之间的鬼舞就有了许多版本和解释。

有些人认为，重新焕发活力的大地将是属于所有印第安人的，或者说只属于那些接受先知的人，而其他人认为，所有种族都将分享它。一些苏族人（Sioux）把沃沃卡最初的和平主义教义作为战争的建议。与此同时，政府当局对印第安人在似乎不可理解的仪式中结成跨越部落界线的联盟感到害怕。其结果是紧张局势升级，最终导致1890年12月在伤膝河（Wounded Knee）的大屠杀，以及对北美土著居民传统生活方式的最终破坏。

在整个美国，北美土著居民的大部分神话中，鹰一直是最重要的鸟类，但在危机时期，他们更多地想到乌鸦。鹰是太阳和宇宙秩序的象征，在正常

时期可能会提供灵感。在严重的危机时刻，既与太阳有关又与地府有关的乌鸦，似乎提供了更多给人慰藉的希望。乌鸦更加平易近人，生存能力特别强。一只乌鸦标本常常被放在一个圆圈的中央，舞者在其中移动，还在他们的衬衫、绑腿和鹿皮鞋上绘制了乌鸦。舞者们把乌鸦的叫声解释为预言性的话语。

在绝望时期，人们总是求助于更古老的宗教传统。圣经中的一个例子是，在逃离埃及期间，希伯来人故态复萌，又开始信仰埃及的宗教，崇拜一只金牛。后来，他们几乎忘记了他们的部落神耶和华，但每当他们作为一个民族的生存受到威胁时，他们就会回到他身边。或许，对乌鸦的再次崇拜也是如此，它曾经对于最初跨过白令海峡来到新世界的移民们来说如此重要。鬼舞宗教是一个民族——总之通常是“原始的”——对记忆不全的古老传统的回归。

与此同时，它也是对基督教的信奉，或许远比那些引入这种宗教的欧洲人的信奉方式更为真诚。

鬼舞的狂喜宗教有着千年的期待，更像是早期基督徒的宗教，而非欧洲殖民者的官僚化信仰。早期的基督徒，就像鬼舞的追随者一样，生活在对世界即将发生显著变化的期待之中。他们也像印第安人一样，更多地将信仰建立在狂喜的经验而非普遍接受的教条之上。鬼舞宗教中的乌鸦大致相当于鸽子，后者对于耶稣最初的追随者来说是圣灵的象征。

鬼舞的领头人有时会戴着老鹰的羽毛，但更多的时候他们戴的是被称为“瓦库纳”（wakuna）的东西。这是由乌鸦的两根羽毛组成的，它们拴在一起，但稍微分开，舞者把它们插在头发上。其他舞者也戴着羽毛，在仪式前经过精心绘制和整理。这些羽毛代表天使的翅膀，借助它们，舞者会升入天堂。阿拉帕霍人在鬼舞中唱的一首歌是这样的：

> 我的孩子们，我的孩子们。
> 风使头上的羽毛歌唱——
> 风使头上的羽毛歌唱。

我的孩子们，我的孩子们。[1]

还有一首是这样的：

我们的父亲，旋风，
我们的父亲，旋风，
现在戴着乌鸦羽毛的头饰，
现在戴着乌鸦羽毛的头饰。[2]

其他许多歌曲也向乌鸦致敬。

在鬼舞中，歌曲被即兴地创作和演唱出来，作为对恍惚中瞥见的已故祖先或鬼魂的幻象的回应。阿拉帕霍人另一首流行歌曲的副歌是这样的：

乌鸦在我上方盘旋，
乌鸦在我上方盘旋，
乌鸦来找我，
乌鸦来找我。[3]

创作这首歌曲的舞者看到一只乌鸦在他头上盘旋，相信这是带他去见已故亲人的使者。

今天，以乌鸦为中心的舞蹈和仪式对大平原（Great Plains）的印第安人来说仍然很重要，但更多是在仪式社团中，而非公共仪式中。例如，波尼族（Pawnee）中有乌鸦长矛社团（Crow Lance Society）。一名曾被动物发现已死的侦察员成立了这个协会。郊狼本想吃掉他的尸体，但乌鸦让他复活了。鸦科鸟类把他带到一个山洞里，在那里他和乌鸦们共舞了三个晚上。在他的入会仪式结束时，他被赐予一支饰有乌鸦羽毛的长矛，能使他在狩猎和战争中获得成功。

美国西南部的霍皮印第安人（Hopi Indian）传统上靠农业为生，常常把乌鸦当成害虫，尽管他们也对鸦科鸟类勉强表示尊敬。霍皮人的一个故事讲述了一只乌鸦曾邀请他的朋友鹰吃晚饭。虽然这只挑剔的猛禽只吃刚刚被杀死的动物的肉，乌鸦却给他端上一条已经开始腐烂的油腻的牛蛇。老鹰礼貌地假装吃东西，甚至称赞乌鸦的烹饪艺术，一边偷

偷地计划报复。不久之后，老鹰请乌鸦吃饭，他端上一盘用兔子的皮和内脏调制出来的腐烂的菜。乌鸦非但没有厌恶地转过身去，反而贪婪地吃下了这顿饭，这让鹰比以往任何时候都更加愤怒。

然而，乌鸦也可能是一个抚育的形象。根据一些霍皮人的说法，所有克奇纳神（kachina）——也就是灵魂世界的居民——的母系祖先，是一个被称为乌鸦妈妈（Crow Mother）的人物。乌鸦的翅膀从她的头上长出。她经常拿着一只盛水的碗，水是生命的源泉。她主持年轻人的成人仪式。美国东北部的一些印第安人，如纽约州雷纳佩族人（Lenape），传说是乌鸦首先给人类带来了谷物。

上图 | 图案展现了一只鸟，可能是乌鸦，出自20世纪霍皮人的一只陶碗。

下图 | 乌鸦妈妈和两个拿着鞭子的克奇纳神，年轻人步入霍皮印第安人社会时，后者总是陪同前者。

根据宾夕法尼亚州雷纳佩族人的一个神话，乌鸦曾经有鲜艳的羽毛和悦耳的嗓音。当第一场雪开始覆盖世界时，动物们派乌鸦作为使者去见造物主。造物主太忙而没有注意到他的客人，于是彩虹乌鸦（Rainbow Crow）——这是她的名字——用一首优美的歌曲吸引了他的注意力。造物主告诉乌鸦，这场雪是无法停止的，但是他送给乌鸦一支从太阳上点燃的火炬。乌鸦把燃烧着的木头带回地上，火焰的温暖拯救了动物们。不幸的是，乌鸦被烤得羽毛变黑，声音变得刺耳。但是，由于它的英雄行为，乌鸦被免于人类的统治，并且当森林中有危险时，它的叫声仍然向动物们发出警告。仔细观察的人仍然可以看到，彩虹的颜色从乌鸦的黑色羽毛中闪现出来。

如果说乌鸦对于工业化世界的人们来说并不具有异国情调，那么北美土著居民肯定是有的。这种情况很可能鼓励了在今天被称为“新纪元”（New Age）的那种兼收并蓄的精神信仰将北美土著居民的口头传说据为己有。例如，最近一本关于北美土

著居民占星术的书告诉我们："属渡鸦的人是非凡的特殊个体，因为他们是改变人们生活的天然催化剂。为了实现这一点，他们特别讲究策略，表现出对人类同胞的极大关心和体贴。"然而，它接着警告说，属渡鸦的人如果被剥夺了社交联系，他们就容易患上抑郁症。[4]这种描述是否非常忠实于北美土著居民的精神信仰，是值得怀疑的，而且这种语气让人想起了中餐馆纸杯垫上的星象图。许多北美土著居民哀叹别人以他们的名义营销精神信仰。其他的北美土著居民则漠视、嘲笑或参与其文化遗产的商业化。无论如何，即使是流行文化中最华而不实的产品也包含着真正的精神信仰的元素。这些美洲人传递给主流文化的一件事——尽管是以过分简单化的形式——就是重新认识乌鸦这样的动物。

夸扣特尔人渡鸦面具，大约拍摄于1914年。夸扣特尔人以其图腾柱和精致的服装而闻名，他们用这些服装来表现渡鸦之类的神话。

VI

# 浪漫主义时期

# THE ROMANTIC ERA

活过许多寒岁的白嘴鸦

带领呱呱鸦群回巢。

——阿尔弗雷德·丁尼生（Alfred Tennyson）

《洛克斯利田庄》（"Locksley Hall"）

现代世界就这样诞生了，使许多传统文化被摧毁，许多动物物种被灭绝。其他生物，如“原始”民族，已经成为保护区和电视专题片中惊奇和娱乐的对象，它们歌颂着自然世界所剩无几的遗迹。很多时候，像狼或鲸鱼这样的动物既被残害又被浪漫化。面对现在的混乱和未来的完全不确定性，人们从一个理想化的过去中寻求庇护，他们认为这个过去比现在更高尚、更令人兴奋、更文明、更有英雄气概或更生气勃勃。在这种怀旧的文化氛围中，乌鸦在田野上飞起的古老形象激发了人们的迷恋和恐惧。

我们所说的“现代世界”是过去几个世纪一系列社会、政治和技术方面的剧变和革命的结果。关于现代性何时开始，人们永远不会取得哪怕是近似的一致。然而，在一部关于乌鸦的历史中，我们也许可以将其追溯到1666年的伦敦大火，从那时开始，至少对于英格兰的许多城市居民来说，对鸦科鸟类的传统崇敬突然结束了。

正如我们已经看到的，渡鸦在英国一直受到保护。1666年9月，伦敦桥附近的一家面包店发生火灾，大火持续了一周，烧毁了大约13000所房屋。当局无法应对这场灾难，也无力埋葬死者，幸存者们惊恐地看到乌鸦和渡鸦在啄食街头烧焦的尸体。尤其是渡鸦，它们蜂拥到伦敦参加这场盛宴，并在那里大量繁殖，直到市民向国王请愿消灭它们。大批渡鸦被杀死，巢穴被毁坏。但是今天的导游们仍然说，查理二世记得伦敦塔中的渡鸦保护他的王国的传说。由于野生渡鸦不再被容忍，他下令引入驯化的渡鸦，由一个被称为“约曼渡鸦大师”（Yeoman Raven Master）的人管理和控制。

| 伦敦塔的约曼渡鸦大师。 |

很有可能，渡鸦实际上帮助防止了黑死病的一次新爆发，就像1664年和1665年在英国夺去了75000人生命的那场瘟疫。如果鸟儿没有吃掉死者，老鼠可能会吞噬尸体，这至少同样令人毛骨悚然，而且从卫生的角度来看危险得多。然而，我们很难责怪悲伤的伦敦市民没有想到这一点。无论如何，伦敦渡鸦的命运就像20世纪的狼和许多其他动物的命运一样——既让人伤感，又遭到毁灭。

17世纪60年代的渡鸦和乌鸦只是或多或少地表现得像往常一样，现代以前的人普遍接受它们的存在，将其视为命运的安排。然而，到了17世纪后期，这种传统的坚忍克己开始让位。人们不再把渡鸦看作命运的代理人，而是认为它们在挑战人类，尤其是英国人至高无上的地位。野生渡鸦成了文明世界的叛徒。在欧洲大陆，如法国和德国，对渡鸦的传统尊重早已消失，它们被更大力地猎杀。在过去的时代，渡鸦几乎不会受到人类武器的伤害，但是火器的不断改进使人们几乎能够从许多社区中消灭它们。在美国农村，为了娱乐而射杀乌鸦成了一

种流行的消遣方式，尽管人们认为乌鸦肉是令人厌恶的。

尽管如此，鸦科鸟类从未真的受到灭绝的威胁，甚至可能在某些地区扩大了它们的分布范围。渡鸦变得越来越害怕人类，它们在偏远的悬崖和森林寻求庇护。那些留在主要城市中心的渡鸦把巢建在高楼的顶端，在那里它们很少被人看到。至于乌鸦，它们继续靠城市地区的垃圾为生。它们如此大量地繁衍，以至于人们尽管有那么多枪支和毒药，也不得不很快放弃任何真要消灭它们的想法。

对渡鸦的某种尊重——有时甚至近乎崇敬——在英格兰乡村一直延续到今天。18世纪末，牧师兼博物学家吉尔伯特·怀特（Gilbert White）在《塞尔伯恩博物志》（*The Natural History of Selborne*）中感人地写到了鸦科鸟类。渡鸦家族在城镇边缘一棵大橡树高高的凸出部分筑巢，没人记得这是从什么时候开始的了。几个世代的男孩曾徒劳地试图爬上那棵树，最终都敬畏地放弃了这一任务。最后，橡树被砍掉，为建伦敦桥提供木材。人们在树干上砍

一只渡鸦充当其他动物的哨兵，并帮助它们脱离陷阱。18世纪中期印刷的让·德·拉·封丹（Jean de La Fontaine）寓言的一幅插图。

拉·封丹寓言中的一幅插图。在一场智慧的较量中，乌鸦战胜了狐狸。

一只渡鸦不成功地试图模仿老鹰。
拉·封丹寓言的一幅插图。

开一个缺口，在里面插入楔子。然后，树木随着木槌的沉重敲击而摇晃，直到树干终于开始倒下。然而，母渡鸦拒绝遗弃她的巢穴和幼鸟，所以她摔在地上，死了。怀特牧师是一位非常细心的观察者，而且从不倾向于耸人听闻，他只是说：“她的母爱理应得到更好的命运。”[1]读者们满可以把她看作工商业的殉道者。

随着人们越来越远离自然，人们实际上越来越迷恋动物。在18、19世纪，关于动物的都市传说激增，从会讲完美阿拉伯语的火鸡到侦破谋杀案的狗的奇妙故事。玛丽·安托瓦内特（Marie Antoinette）的乌鸦的故事至少有点像真的，故事开始于1785年10月，这位法国王后在凡尔赛皇家庄园的一个岛上吃早餐。她刚把饼干浸在一杯牛奶里，一只乌鸦就飞了下来，看着她，开始轻轻地拍打他的翅膀。尽管起初吓了一跳，王后还是把剩下的饼干给了乌鸦，两者之间的友谊开始了。王后每天早上都给这只鸟喂食，当她在庄园里漫步时，乌鸦会跟着她从一棵树飞到另一棵树。1793年，玛

丽·安托瓦内特被斩首后，这只乌鸦似乎消失了好几年。然而，1810年，新近嫁给了拿破仑的奥地利公主玛丽·路易丝（Marie Louise）在同一座岛上吃早餐时，注意到了那只乌鸦。这只鸟在她的亭子上空盘旋，大声啼叫，显然是希望分享她的食物。当玛丽·路易丝告诉拿破仑有关这只乌鸦的事时，他认为这是不幸的预兆，命令她立即离开凡尔赛。不幸的确随之而来，虽然更多是对于皇帝而非他的配偶。1816年，拿破仑在滑铁卢遭受惨败并被流放到圣赫勒拿岛（St Helena）后，玛丽·路易丝和她的父亲再次来到凡尔赛的小岛。她突然听到一个叫声，抬头一看，认出了乌鸦，惊恐地叫了起来。然而，园丁和仆人们却把这只乌鸦当成一个老伙伴。他们喂养这只鸟，直到它死去。游客们远道而来参观玛丽·安托瓦内特的朋友。

我们对这个故事略有怀疑的地方不是鸟的行为，而是人类的行为。除非你自己是乌鸦，否则很难辨认单独某只乌鸦，特别是在远处。大家怎么能如此肯定，接近玛丽·安托瓦内特、玛丽·路易丝

在弗朗西斯科·戈雅（Francisco Goya）的油画《红衣孩童》（*Don Manuel Osorio Manrique de Zuñiga*，约1786—1788年）中，信使乌鸦、猫和笼养鸣禽的本能在人类社会中都受到了不稳定的约束。但是猫可能设法吃掉鸟，而乌鸦可能设法回到野外。

和其他人的是同一只乌鸦呢？难道不可能是两只甚至几只不同的乌鸦吗？无论是哪种情况，这个故事都说明了危机时期迷信是如何重现的。曾经被认为是预兆之鸟的乌鸦的叫声，甚至会让拿破仑这样的实用主义者感到恐惧。

19世纪的许多作家，包括严肃的博物学家，用拟人化的术语来描述动物，这些术语至少和中世纪动物寓言集里的一样极端。19世纪初，一位业余博物学家写道：

> 秃鼻乌鸦的政治组织是众所周知的，而那些目睹过乌鸦法庭程序的人，一定会称赞它们具有相同的才能。在某些方面，这似乎类似于秘密法庭，正如有人描写在德国是如何下令召开秘密法庭那样，乌鸦法庭通常在荒凉和人迹罕至的地方，并且在雾蒙蒙的星期天举行。[2]

那个时代，也许就像我们自己的时代一样，当如此生动而富有想象力的故事就发生在当下时，并不

在卡斯帕·大卫·弗里德里希（Caspar David Friedrich）的油画《德累斯顿附近的丘陵和耕地》（*Hill and Ploughed Field near Dresden*，1824—1825）的郊外的自然景色中，乌鸦从人类的劳动中获益。

真正需要从过去搜寻生动的神话。但是，科学的发展使当时的浪漫主义诗人感到敬畏、恐惧和受到威胁。他们错误地担心理性主义可能会扼杀人类幻想的力量。

浪漫主义一个很好的例子是雅各布·格林和威廉·格林的童话集，从1812年到1856年出版了七个版本，它已经成为继圣经之后，德国乃至西方世界有史以来最受欢迎的书。这些故事由兄弟俩——特别是雅各布——从口头传说中搜集，并且由于商业和艺术的原因，经过兄弟俩——特别是威廉——改写。它们是科学与艺术、古老主题与大众情感、天真与开发的融合。它们极度需要几乎每个人的想象力，从蹒跚学步的孩子到最见多识广的学者。

格林兄弟的故事《忠实的约翰尼斯》（“Faithful Johannes”）既是最古老的故事之一，也是最具维多利亚时代风格的故事之一。故事的开头有一个来自受庇护的童年世界的小男孩，这种世界在早期现代之前根本不存在。垂死的国王指示他忠实的仆人

约翰尼斯照顾他的儿子。国王让约翰尼斯向王子展示城堡里的一切，除了一个房间，因为里面有一张“金屋公主”（the Princess of the Golden Roof）的画像。当然，年轻的国王坚持进入房间，看到了公主的画像，并爱上了她。后来，约翰尼斯和国王绑架了公主，这一英勇行为或许可以追溯到口头传说中维京海盗的突然袭击，尽管故事中充满了关于绑架是如何出于爱情的华丽辞藻。公主对这位年轻人很满意，并计划举行婚礼。

故事接下来的部分特别神秘。“忠实的约翰尼斯”坐在船头演奏音乐，三只渡鸦靠近了。鸟儿们开始互相交谈，只有约翰尼斯——像萨满教法师一样——才能理解它们所说的话。渡鸦们预言公主和年轻的国王处于危险之中，尽管两人仍然可以得救。然而，拯救他们的人不能向国王解释他的行为，否则他就会变成石头。

当船到达陆地时，一匹马小跑到国王跟前。约翰尼斯从渡鸦的谈话中知道，这匹马即将把陛下带到空中，之后就再也见不到国王了。正如渡鸦所指

格林兄弟的童话故事《糖果屋》（“Hänsel and Gretel”）中没有提到乌鸦，但是20世纪早期的插画家弗里茨·菲利普·施密特（Fritz Philipp Schmidt）添加了这只鸟作为女巫的黑暗魔宠。

沃尔特·克莱恩（Walter Crane）在1886年格林兄弟童话
英文版中为《忠实的约翰》所作的这幅插图反映了原文中
古老的魔法、严峻的现实主义和时代的感伤的折中融合。

示的那样，约翰尼斯跳上马，从马鞍枪套里抽出一把枪，把马打死了。这一事件类似于马祭，这种仪式不仅被北极圈的部落民族所奉行，也被从英国到印度的印欧人所奉行。在这种仪式中，马的灵魂将被释放，陪伴萨满教法师前往另一个世界。渡鸦类似于有三个分身的凯尔特女神巴德布，以及远北地区的其他神灵。故事的其余部分有时读起来就像维多利亚时代关于忠诚的说教，但是很多地方显然指的是古老的入会仪式和人祭。

格林兄弟认为他们搜集的德国传奇故事比童话更重要，因为只有这些传奇才真正被人相信。其中最著名的故事之一是说，弗雷德里克·巴巴罗萨皇帝（Emperor Frederick Barbarosa）和他的骑士们并没有死，而是在基弗豪森山（Mount Kyffhausen）中睡觉，直到上帝召唤他们。弗雷德里克终于醒来时，将把他的盾牌挂在一棵枯树上，这棵树就会开花并开启一个更加幸福的时代。有一天，一位牧羊人走近大山时，趴在桌子上睡觉、胡须盘绕着桌子的皇帝惊醒，问道：“渡鸦还在山间盘旋吗？”听

到渡鸦还在那里后，弗雷德里克又睡了一百年。[3]在这个故事中，渡鸦的盘旋代表了时间以及生死循环，这些将在世界末日结束。

来自工业化程度较低的国家的故事可能更为原始。19世纪中叶亚历山大·阿法纳西耶夫（Alexandr Afanas'ev）搜集的俄罗斯童话故事中，鸦科鸟类具有强大的魔力。在一个故事中，一位老农民说："如果太阳能温暖我，月亮能给我光明，渡鸦能帮我收集银币，我会把我的大女儿嫁给太阳，把我的二女儿嫁给月亮，把我最小的女儿嫁给渡鸦。"他的要求得到了满足，并且这个人信守诺言。农夫后来拜访了和丈夫一起生活的他的三个女儿，但是在拜访渡鸦时，他从天上掉下来，死了。[4]在一个如此充满宇宙意象的故事中，渡鸦收集银币被比作黑暗吞噬星星，似乎并不牵强。在阿法纳西耶夫搜集的另一个故事《白鸭子》（"The White Duck"）中，喜鹊通过取来言语之水和生命之水使死去的孩子复活。

在现代的许多故事中，乌鸦和渡鸦令人回忆起

在斯特拉斯堡大教堂（Strasbourg Cathedral）高高的怪兽状滴水嘴之间，一只乌鸦临终时被家人和朋友包围着，1866年J. J. 格兰威尔的讽刺插图。

古老的遗产，这些遗产常常几乎被湮没，但从未被完全遗忘。查尔斯·狄更斯（Charles Dickens）的历史小说《巴纳比·拉奇》（*Barnaby Rudge*，1841）的背景设定在18世纪80年代，小说的同名主人公总是由一只名叫奇普（Chip）的宠物渡鸦陪伴着。巴纳比本人性情温和，但头脑简单到愚蠢的地步，渡鸦不断提醒他那些看不到的邪恶力量。渡鸦说的话几乎是荒谬的，但往往充满了不祥的预兆，它有时甚至自称是魔鬼。

1845年，《巴纳比·拉奇》出版四年后，埃德加·爱伦·坡（Edgar Allan Poe）首次发表了《乌鸦》（“The Raven”）①。今天，它通常是美国儿童在学校阅读的首批严肃诗歌之一，无疑也是他们大多数人记得最牢的一首。然而，很少有人会停下来思考这首诗的内容。每个人脑海中萦绕着的只有那句叠句——“乌鸦答曰‘永不复焉’”。

① 下文中该诗的引文采用的都是曹明伦的译本。参见爱伦·坡：《爱伦·坡诗集》，曹明伦译，湖南文艺出版社2016年版，第183—190页。

这首诗的节奏如此紧迫，意象如此具有戏剧性，以至于对大多数读者来说，其意义好像几乎是无关紧要的。深夜，一只乌鸦来拜访叙述者：

> 于是这只黑鸟把我悲伤的幻觉哄骗成微笑，
> 以它那老成持重一本正经温文尔雅的容颜，
> “冠毛虽被剪除，”我说，“但你显然不是懦夫，
> 你这幽灵般可怕的古鸦，漂泊来自夜的彼岸，
> 请告诉我你尊姓大名，在黑沉沉的夜之彼岸！”
> 乌鸦答曰“永不复焉”。[5]

然后，叙述者向乌鸦说话和提问题，这些话语和问题变得越来越狂野，乌鸦用相同的不祥之词回答所有的问题。

这首诗本身的狂热使其显得近乎疯狂。作者在一篇题为“创作哲学”（“The Philosophy of Composition”）的短文中对这首诗的创作进行了描述，其分析的超然态度听起来几乎是病态的。像大多数浪漫主义诗人一样，爱伦·坡对于纯粹的情感

“栖在我房门上方一尊帕拉斯半身雕像上面……”古斯塔夫·多雷（Gustave Doré）为爱伦·坡的《乌鸦》所作的插图。

并不是很感兴趣。他的艺术理想是受到智力约束和控制的激情。他设法将这首诗怪诞的声音和意象以一种连贯的，即使是相当不自然的叙述手法连接起来。一只仅学会了“永不复焉”这一句话的被驯化的乌鸦，从它主人那儿逃了出来。一场暴风雨迫使这只鸟到一个学生的房间里避难，那里的灯光在午夜依然闪烁着。这位年轻人一直在钻研一本深奥的书，一边思忖着他心爱之人的死亡。当乌鸦飞进来，栖息在帕拉斯·雅典娜（Pallas Athena）的半身像上时，学生开始向鸟儿提出有关生死的问题。乌鸦只回答“永不复焉”，学生越来越心烦意乱。他命令乌鸦离开，但它待着不走，就像令他忧郁的痛苦。

爱伦·坡以值得职业银行劫匪效仿的对细节的关注，描述了他如何选择一个美丽女人的死亡作为最忧郁的主题，并通过诗歌技巧，比如叠句，来增强忧郁的情绪。他选择了“永不复焉”这句话，因为它铿锵浑厚，并且他决定这种不断的重复必须由动物来完成。起初，他打算用一只鹦鹉，但最终决

爱伦·坡的诗歌《乌鸦》一直是插画家们的最爱。这幅乌鸦的画像由埃德蒙·杜拉克（Edmund Dulac）于1912年绘制。

左图 | 乌鸦凝视着爱伦·坡的坟墓，是一本1880年杂志中的小插图。

右图 | 保罗·高更（Paul Gauguin）为斯特凡·马拉美（Stéphane Mallarmé）作的蚀刻画像（1891），其中有一只乌鸦，因为是马拉

左图|保罗·高更的《永不复焉》(*Nevermore*，1897)暗示爱伦·坡的诗歌《乌鸦》，却是以一种模棱两可的方式。也许，这位塔希提岛的女人通过乌鸦收到了来自她情人的消息。

右图|爱德华·马奈(Edouard Manet)和马拉美把爱伦·坡的《乌鸦》中的叙述者解读为一个贵族，他的豪宅位于工业大都市。无论是鸟还是住宅，都成了时代错误的东西。

定用一只乌鸦，这是因为它在预言方面的名声。

学者们怀疑，创作过程是否像爱伦·坡所宣称的那样刻意。19世纪末，詹姆斯·罗素·洛威尔（James Russell Lowell）在《写给批评家的寓言》（“Fable for Critics”）中写道：

> 爱伦·坡来了，带着他的乌鸦，就像巴纳比·拉奇一样，
> 他五分之三是天才，五分之二是纯粹的胡话，
> 他说话像一本抑扬格和五步格的诗集，
> 在某种程度上让那些有常识的人诅咒格律
> 他写了一些最棒的东西，
> 但不知怎么的，感情似乎都被思想挤了出来……[6]

自那以后，乌鸦就成了爱伦·坡的象征，他的画像中通常会有一只乌鸦栖息在他的肩上或身边。也许更重要的是，乌鸦成了哥特式恐怖故事中的一个标准配置，现在仍然如此。

如果说高雅文化强调鸦科鸟类阴郁和预言的方面，那么流行文化则通常突出它们的活泼快乐。这

就引出了“吉姆·克劳”（Jim Crow）的历史，这个名字——特别是在美国——是种族隔离的同义词。没有多少人意识到，早在实行种族隔离制度之前，他就是流行文化中的一个人物。

他的祖先至少可以追溯到传统上认为是伊索创作的一则流行寓言中的寒鸦，这只寒鸦戴上彩色羽毛，试图模仿孔雀，但没有成功。这个故事常常被重述，以警示那些渴望僭越自己的社会地位的人。在贵族社会中，这只寒鸦被认为是模仿贵族的平民。

19世纪，随着欧美社会中阶级、财富和民族性的分化变得更加复杂，这个寓言经常被重述。这只寒鸦代表了任何试图进入对其而言是禁区的社会阶层的冒牌货。通常，僭取者会受到惩罚，就像在伊索的原作中一样，但他的进取心偶尔也会得到回报。例如R. H. 巴勒姆（R. H. Barham）的通俗诗《兰斯的寒鸦》（“The Jackdaw of Rheims”），他以约翰·英格尔兹比神父（Father John Ingoldsby）为笔名写下了这首诗。巴勒姆是一位英国教士，最

左图 | 几则伊索寓言，特别是想成为孔

终成为牛津大学皇家礼拜堂的一个小咏礼司铎。像他那个时代的其他许多新教徒一样，他觉得罗马天主教的仪式既美丽迷人又荒谬可笑。也许寓言中的寒鸦代表了巴勒姆的白日梦，即想成为（就像他的另一个自我，英格尔兹比一样）一个天主教徒。无论如何，这首诗讲述了一只淘气的寒鸦，它被华丽的服饰和食物吸引，常常在教堂庆祝活动附近徘徊。有一天，当每个人都在专心聆听圣歌合唱时，寒鸦叼着红衣主教的戒指飞走了。僧侣和修士们彻夜搜查，直到最后在寒鸦的巢穴里找到了戒指。被发现后，寒鸦很惭愧，于是他放弃自己嘲讽的作风，以模范的虔诚态度度过余生。他参加每一次弥撒，并向任何撒谎、骂人或在做礼拜时打瞌睡的人发出温和的训斥。最后，在去世时，寒鸦被正式宣布为圣徒。这首诗的结尾是：

当话语太软弱，不足以描绘他的功德，
红衣主教团决定让他成为圣徒！
对新封的圣徒和教皇，你也知道，

在罗马的习俗，是赋予新的名字，

所以他们以吉姆·克劳的名字封他为圣！[7]

这首诗最初发表于1837年，后来又被收入巴勒姆非常流行的短篇作品集《英格尔兹比传说，或欢乐和奇迹》（*The Ingoldsby Legends, or Mirth and Marvels*）。据我所知，这是“吉姆·克劳”这个名字第一次出现在印刷物里。这里的称谓似乎是指一种鸦科的普通人，一个长着黑色羽毛的“某人”。

然而，在《兰斯的寒鸦》发表大约十年后，吉姆·克劳已成为美国流行的滑稽说唱团演出（minstrel show）中的标准人物。这些演出包括小喜剧和音乐节目，由“黑脸”的白人男性表演——也就是说，为了模仿黑人而涂黑他们的脸。不用说，这些演出公然地带有种族偏见，那些艺人描绘了所有对黑人的成见：不思上进、懒惰、淫荡、无知、酗酒和不诚实。然而，一些黑人历史学家即使在今天也不愿明确谴责这些演出，因为它们对黑人的鄙视中微妙地夹杂着钦佩之情。扮演黑人让白人

有机会将自己的秘密幻想表演出来，这种幻想本来会被当时清教徒式的行为准则谴责。

吉姆·克劳象征了不辨是非、随遇而安的奴隶，他一边在马厩里干活儿，一边独自哼着小曲。当然，他就像伊索寓言中的寒鸦，是一个模仿者，尽管有点难说到底是怎么回事。吉姆·克劳是个想做黑人的白人，还是一个想做白人的黑人？

无论如何，在美国内战的几十年后，这个名字用来表示白人和黑人的强制隔离。如果说“吉姆”代表的是相对文明的人（一般认为是白人），那么“克劳”（即乌鸦）就是其野蛮的对应物（黑人），有点像弗洛伊德学派后来所说的“自我”（ego）和“本我”（id）。由白人扮演黑人的滑稽说唱团演出试图将这些本能天性结合起来，尽管是以一种粗糙、偏执的方式进行的，而种族隔离法后来试图将它们分开。乌鸦不仅仅因为拥有黑色的特性成为非洲裔美国人的象征。由于它们的活泼快乐和不可预测性，它们很容易就像黑人一样让人形成刻板印象。

奥迪隆·雷东（Odilon Redon）的《渡鸦》（*The Raven*），1882年的一幅木炭画。这位法国象征主义艺术家所描绘的鸟似乎存在于梦与现实之间一个不确定的领域。

但是，如果说由白人扮演黑人的滑稽说唱团演出注意到并嘲笑乌鸦——以及（通过联想）非洲裔美国人——与大自然的亲密关系，那么富有创造力的艺术家却往往会赞美它。正如爱伦·坡在很大程度上创造了渡鸦的流行形象一样，荷兰画家文森特·梵高（Vincent van Gogh）也帮助塑造了美术文化中小嘴乌鸦的形象。当人们想到麦田里的乌鸦时，首先浮现在脑海中的往往是梵高的绘画。也许特别令人难忘的是按照惯例题为“麦田里的乌鸦”（*Wheatfield under Threatening Skies with Crows*）的作品，这是他在1890年夏天自杀前创作的最后一批画作之一。画作展现了一群伸展着翅膀飞翔的乌鸦构成的高度程式化的水平对角线，与小麦垂直的茎秆形成鲜明对比。乌鸦从田野里散开，以躲避即将来临的暴风雨。

尽管梵高以其浪漫的天才而闻名，但是他表达极其生动的信件表明，他是非常精心地设计自己的作品的。他经常提到麦田——这是食物的象征——但没有提到乌鸦。在朝不保夕的生活中挣扎的梵高，

同情那些尽管天气变幻莫测，但仍在努力耕种的农民。去世前不久，他写信给他的弟弟西奥（Theo）和弟媳约翰娜（Johanna）：“在混乱的天空下有大片的麦田，我不需要特意表达我的悲伤和孤独。”稍后，他写信给他的母亲：“我完全沉浸在这片辽阔的平原中，那里的麦田与山丘相接，无边无际，就像大海……”[8]

梵高深爱自然，但他也认为自然是人类永恒的对手，乌鸦可以代表这种矛盾心理的两面。一方面，它们对农业劳动者的生计构成持续威胁。然而与此同时，乌鸦和农民一样，也在粮田里寻找食物。

就像梵高也喜欢画的鲜切花一样，乌鸦同时属于自然界和人类的领地。在他的绘画中，社会与自然之间的和谐如此美丽，又如此岌岌可危，在20世纪则变得更加难以维持。

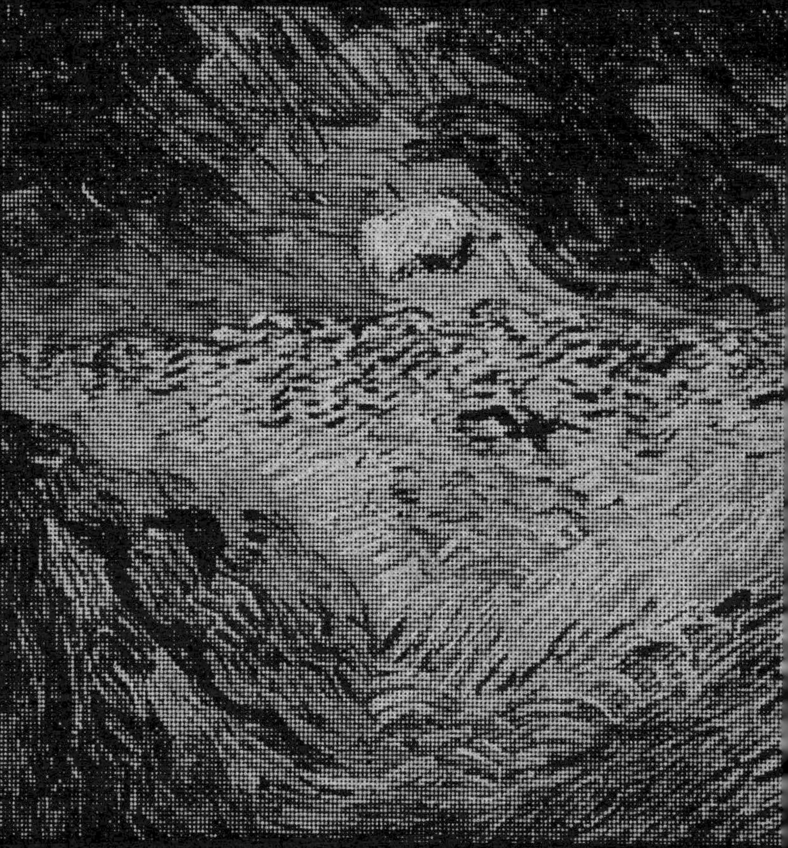

在文森特·梵高的最后一幅作品《麦田里的乌鸦》(1890)中，乌鸦似乎是大自然的一股威胁性的力量。

# VII

# 乌鸦之王

# LORD OF THE CROWS

他们口里还说："这家伙就是我们法国人的死对头，就是吓唬我们的孩子们的稻草人。"

——莎士比亚

《亨利六世》第一幕第四场①

不管制做稻草人的目的是什么，都不可能真的是让乌鸦远离田野。稻草人颜色鲜艳、十分有趣，但乌鸦太聪明了，不会被一捆稻草吓倒，至少不会长时间被吓倒。那么人们为什么要做稻草人呢？田里的庄稼经常被蝗虫和其他昆虫毁坏，但很少或从来没有被乌鸦或渡鸦毁坏，因为它们通常更喜欢虫子而不是谷物。乌鸦更多地被昆虫吸引到田里，而不是被植物，也许它们通过吃害虫来为农民提供的

① 该段引文采用的是朱生豪的译本，有部分改动。参见莎士比亚：《莎士比亚全集（三）》，朱生豪等译，人民文学出版社 1994 年版，第 487 页。

服务，至少可以补偿它们在这个过程中偶尔吃掉的素食小吃。但即使是在今天，许多农民可能还没有意识到这一点。大量的乌鸦盘踞在耕地中，可能冒犯了农民心中一种相当原始的领土本能。乌鸦随意闲逛，任意吃谷物，似乎在嘲弄农民的辛勤劳动。

传统上，狩猎动物因为它们提供的营养，至少受到某种感激和尊重。英格兰的村民过去常常把秃鼻乌鸦肉做成馅饼，这就是为什么秃鼻乌鸦和农民之间的冲突常常显得几乎是友好的。（在美国，来自英国和爱尔兰的移民于19世纪60年代引进了秃鼻乌鸦，它们既能吞食害虫，又能让他们想起以前的家园。）在反映19世纪英格兰农村生活的小说《珍贵的灾星》（*Precious Bane*）中，玛丽·韦布（Mary Webb）记录了把农场老主人去世的消息告知秃鼻乌鸦的习俗。在年轻的继承人传达了这个消息之后，

> 那些秃鼻乌鸦从鸟巢里往下望着他。他说完后，突然有一阵扇动翅膀的咔嗒声，它们都衔着一株大

这只狡猾的"普通短嘴鸦"栖息在果树枝上
19世纪40年代初的一幅插图。在掠夺农民的
似乎在仔细地观察四周。

> 鼠尾草冲上了蓝天，好像在考虑他说的话。过了一会儿，它们回来了，非常严肃而安静地安顿下来。所以我们知道它们打算继续在此居住。新主人表达了他的宽慰之情，并补充说："我很喜欢秃鼻乌鸦馅饼。"[1]

相比之下，小嘴乌鸦和短嘴鸦的肉传统上被认为几乎是不可食用的。"吃乌鸦"（to eat crow）的意思是一个人把自己弄得很丢脸。民间词源学把这个短语追溯到1812年英美战争中的一个传说。一位美国猎人误入英国领土，射杀了一只乌鸦。一名未携带武器的英国士兵走近猎人，称赞他的枪法，并要求看看他的枪。当猎人交出武器后，士兵把枪对准了他，强迫他吃了一口乌鸦肉。然而，这位愚蠢的军官又把步枪还给了他，于是猎人强迫他吃掉整只乌鸦。一些美食冒险家尝试了短嘴鸦的肉，发现很好吃。也许，对这种食物的鄙视是鸦科鸟类经常激起的怨恨的结果，而非原因。

不管怎样，农民有时对乌鸦不仅感到恼火，而

且怀有仇恨。19世纪初，博物学家亚历山大·威尔逊（Alexander Wilson）和查尔斯·波拿巴（Charles Bonaparte）写到了短嘴鸦：

> 他被打上小偷和掠夺者的烙印，一种穿黑衣的游手好闲者，在勤劳者的土地上盘旋，以他们的劳动养肥自己……农民如此憎恨他，几乎每个持枪人都在监视和残害他……如果上帝没有赐给他远超常人的智慧和精明，那么我们有理由相信，他的整个族群（至少在这些地方）早就不复存在了。[2]

宾夕法尼亚州1724年通过的一项法律规定，任何开枪打死乌鸦的白人都可以将乌鸦尸体带到当地治安法官那里以获得报酬。这位官员会让人把乌鸦的喙割下来，送到市财务主管那儿，每杀掉一只乌鸦，都可以从后者那里得到三便士。1750年前后，在美国东部的所有城镇，悬赏猎杀乌鸦已经变得很普遍。在马萨诸塞州，一只死乌鸦可以兑换一先令，略少于现代货币的一美元。1754年，宾夕法尼

亚州代表大会上提出的一项建议请求该州规定，每位拓荒者射杀一打乌鸦，才能在边境上获得土地。殖民者也会炸毁鸦科鸟类共同栖息的树木，有时一下子杀死数千只鸟。

如此强有力的举措确实成功地减少了美国农田中乌鸦的数量，但是到了19世纪中叶，农民们开始意识到它们消失的后果。比起以前鸟类的威胁，虫子对农作物的威胁更大。各州开始重新考虑针对鸟类的悬赏。农民们不再射杀乌鸦，而是试图限制鸟类的掠夺行为，特别是在一年中的某些关键时期。

随着时间的推移，美国的许多农民开始以一种听天由命的好脾气来对待乌鸦，就像他们的英国祖先长期以来对秃鼻乌鸦那样。稻草人似乎经常是人类和乌鸦——也许是他们在动物中最聪明的对手——玩的一种斗智游戏，而不是无情的灭绝战争的一部分。乌鸦与其说是真正伤害农民，倒不如说是让他们受到了惊吓，所以稻草人也许是一种“来而不往非礼也”的尝试。最好的稻草人也只在一两周内有效，之后鸟儿们就会发现它们是无害的，许

多稻草人从来都没有效用。稻草人充其量只能给农民提供足够的时间，让最佳数量的新播下的种子在土里扎根。

一种古老的技术是播种额外的种子，希望其中一些能逃过鸟类和其他害虫的劫掠。人们在播种的时候唱的一首歌曲，至少可以追溯到马萨诸塞州早期清教徒祖辈移民的时代。歌词是这样的：

一颗给毛虫，
一颗给乌鸦，
一颗给黑鹂，
三颗要生长。[3]

完全从实际的角度看，播种额外的种子可能是确保好收成的最有效的方法。

事实上，乌鸦和稻草人通常有很多共同之处。两者都有点邋遢，有点调皮，而且都与超自然的力量密切相关。它们常常看似在咧嘴笑，这笑就好像是永恒的。“稻草人”这个词——如果你停下来想

一想——听起来好像是一种鸦科鸟类的名称。也许稻草人实际上是一种“乌鸦之王”？无论如何，稻草人经常被描绘成有乌鸦栖息在其手臂和头上。

我们英语中的“scarecrow”一词，最初是指中世纪晚期，受雇吓跑田里的乌鸦的人。吓唬乌鸦的人，或者说“驱鸟者”，可能会一边叫喊、敲击平底锅或挥舞棍子，一边跑向乌鸦。他们中的一些人使用自制的工具，称为“拍板”，这种工具由两块木头组成，用麻绳拴在一起，摇晃时发出响亮的咔嗒咔嗒声。驱鸟者会在田野里漫步，不时地挥舞拍板，并歌唱：

> 走开，走开，走开，鸟儿们，
> 吃一点谷物，改天再来，鸟儿们。
> 大鸟、小鸟、鸽子和乌鸦，
> 我要举起我的拍板，它要落下了！[4]

毕竟，驱鸟者对阵鸟类的比赛是双方最终都不必真正输掉的。

吓跑鸟的任务交给了小男孩，他们中的许多人从这项工作中得到的乐趣肯定比金钱多得多。毕竟，有多少孩子不喜欢奔跑吵闹呢！另一方面，敏感的孩子如果被命令捣毁鸟窝并杀死里面的小鸟，他们一定会退缩。托马斯·哈代（Thomas Hardy）初版于1895年的小说《无名的裘德》（*Jude the Obscure*）开头对这一职业有着生动的描述。年轻的男主人公——小说就是以他的名字命名的——曾受雇于威塞克斯（Wessex）当地的一个农民，做一名驱鸟者[①]：

> 男孩站在前面提到的那垛稻草下面，每隔几秒钟便用手中的拍板发出轻快的啪嗒声。每一响声都会惊起啄食的秃鼻乌鸦，它们从地上扇起翅膀飞上天空，像戴着护腿甲一样闪闪发光，随后又盘旋着飞回来，一面小心翼翼注视他，一面在更远处落下来吃食。他不断用拍板发出啪嗒的声音，直到手臂都痛起来了，

① 以下引文采用的是刘荣跃的译本，有部分改动。参见哈代：《无名的裘德》，刘荣跃译，上海译文出版社 2007 年版，第 9 页。

> 最后他竟同情起那些渴望吃食却不断受他干扰的鸟儿来。它们似乎和他一样，生活在一个不需要它们的世界里。[5]

裘德决定让鸟儿们安静地吃东西，为此他被农夫打了一顿，然后被解雇了。

即使是在今天，驱鸟者依然受雇于农场，不过就像他们的稻草兄弟那样，驱鸟者在娱乐和传统上的意义可能和他们的实际效用一样多。稻草人无疑使粮田变得不那么单调，即使是在农业机械化之前。如果稻草人没有让田野对乌鸦来说变得更可怕，那么它们至少使田野对人类更具吸引力。我们今天通常想到的“稻草人”是一个用旧衣服制成、塞满稻草的假人。据说，如果衣服是那个地区射杀过鸟类的人的，那么这些稻草人是最有效的，这种流行观念无论是真是假，都是对乌鸦记忆力的赞赏。人们常用随风飘动的彩带装饰稻草人，希望这种运动能表明它是一个活生生的人。人们通常还会给稻草人戴上闪闪发光的金属或玻璃碎片，目的是

反射太阳光，使鸟儿睁不开眼。

另一种常见的做法是在假人旁边放置一两只死鸟，作为对其他鸟的警告。这是丹尼尔·笛福虚构的人物鲁滨逊·克鲁索用过的一种技巧。它本质上是打击犯罪和暴动的旧技巧的延伸。强盗或叛乱分子的尸体会被留在绞刑架上或铁笼中，用来警告任何藐视法律和秩序的力量的人。人们仅仅把乌鸦视为土匪，因而可能意识不到麦田里这种“示众”的无效性。森林和田野里的动物完全熟悉死亡的景象。渡鸦和其他乌鸦最初对它们同伴的死感到惊恐，但是不管怎样，这些没有生命的尸体在野外持续不了几天，之后就会风干、被吃掉或仅仅分解掉。

稻草人可以追溯到非常古老的时代，人们对它们的使用可能一直不仅与实用性也与魔法有关。艾利安记述道，维尼蒂人（Veneti）——亚得里亚海沿岸的一个部族——在开始播种之前，会郑重其事地向寒鸦奉献用大麦、蜂蜜和油精心制成的糕饼。维尼蒂人相信，如果寒鸦接受了奉献物，他们就可以放心播种，否则鸟儿就会吃光新种子并导致饥

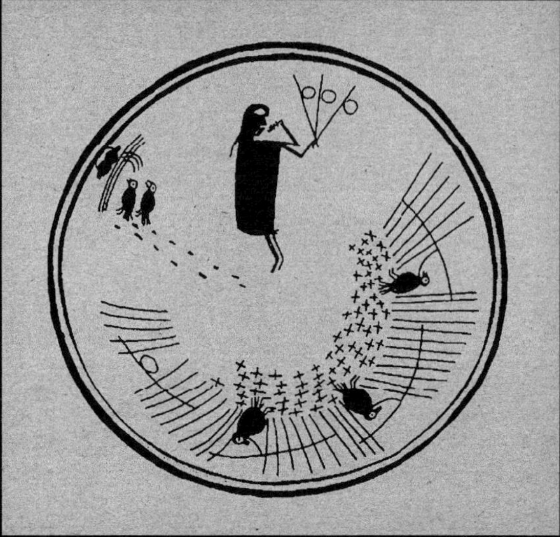

来自新墨西哥州的明布雷斯印第安人陶器图案。
死乌鸦被挂在田边，警告其他乌鸦不要偷粮食。

北卡罗来纳州的稻草人，20世纪30年代。在日益工业化的世界里，稻草人已经成为传统农村生活方式的象征。

荒。这种仪式化的做法可能是在祭坛上进行的，也许伴随着宗教形象，尽管这些都没有被记载下来。

归根结底，稻草人可能来源于希腊人和罗马人放置在田野里的男性生殖神普里亚普斯（Priapus）的木制雕像。普里亚普斯是酒神狄俄尼索斯和爱情女神维纳斯的儿子。他尽管出身高贵，但丑得出了名，连鸟儿都被他的样子吓到了。普里亚普斯雕像的一只手里拿着一根棍子，这些雕像被涂成紫色，因而看起来特别恐怖。这位神的另一只手里拿着镰刀，期待丰收的到来。

另一种理论是，稻草人可以追溯到丰收节玩偶。这些玩偶传统上是由收获的最后一捆谷物制成的。丰收节玩偶有时在苏格兰被称为“女巫”（hag），在英格兰被称为“谷物娃娃”（corn dolly），在波兰被称为“老太婆”（baba），在德国被称为“谷物狼”（kornwolf）。在游行仪式中，丰收节玩偶经常被展示着穿过田野，它代表着谷神。稻草人耸立在谷物之上，就像中世纪教堂的尖塔耸立在城镇之上，确似田野的灵魂。稻草人也

可能与凯尔特祭司为确保丰收而在田野中进行的人祭有关。但如果说这些理论是基于具体的证据，那么它们也同样是基于我们对稻草人的直觉。

12世纪初的一首匿名英文诗《猫头鹰与夜莺》（*The Owl and the Nightingale*）提到了用作稻草人的雕像。夜莺和猫头鹰在激烈的辩论中互相嘲弄，夜莺嘲笑他阴沉的对手。猫头鹰如果被射杀，就会被制成标本，挂在杆子上，然后放在田野里吓唬其他鸟类，尤其是乌鸦。在中世纪的寓言性思维中，这一形象暗示着可以吓跑邪灵的十字架。猫头鹰回应说，即使在死后，他的工作也比他对手无意义的歌唱更有用。

在贝里公爵（Duke of Berry）的《豪华时祷书》（*Très Riches Heures*）里，由林堡兄弟（Limbourg brothers）于15世纪初所绘的展现10月的画中，有对这种稻草人的早期再现：一个拿着弓箭的假人。这一形象似乎并不十分有效，因为前景中的鸟儿跟在播种者后面一路啄食种子。

到了16世纪，文学中提到稻草人的现象已经司

空见惯，莎士比亚的作品中就有很多。在他的戏剧《一报还一报》（*Measure for Measure*，第二幕第一场）中，文森特公爵（Duke Vincentio）的副手安哲鲁（Angelo）主张严格执行法律。他说：

> 我们不能把法律当作吓鸟用的稻草人，
> 让它安然不动地矗立在那边，
> 鸟儿们见惯以后，
> 会在它顶上栖息而不再对它害怕。[1]

① 该段引文采用的是朱生豪的译本。参见莎士比亚：《莎士比亚全集（一）》，朱生豪等译，人民文学出版社 1994 年版，第 301 页。

"穿上袈裟不一定就是和尚"：稻草人经常被用作愚蠢的象征，就像在20世纪初的这幅法国连环漫画中一样。

L'HABIT NE FAIT PAS LE MOINE.
Sous le voile de la religion on fait des affaires
TISANE LAXATIVE DE LA SAINTE VIERG
PÂTE
ELIXI
EAU BÉNITE
sous le manteau du gardien de la paix on peut rêver de conquêtes.
Sous l'habit auguste d'un héros...
...on peut fuir devant les pommes cuites,
Et, sous l'uniforme glorieux de l'immortalité il arrive parfois que, tout le premier, on s'oublie.
Carlègle.

文学中提及稻草人时几乎总是在嘲弄和讽刺。如W. B. 叶芝（W. B. Yeats）在他的诗歌《在学童中间》（“Among School Children”）中所写的那样：“老拐杖披着破衣裳吓唬小鸟。”[1]从埃德蒙·斯宾塞（Edmund Spenser）开始，文艺复兴时期的作品提到稻草人的时候特别轻蔑。然而，随着我们接近现代，稻草人的无用引发更多的是同情，而非鄙视。渐渐地，稻草人被认为是一种民间艺术的形式，也唤起了对我们过去乡村生活的怀旧之情。

在夜里，稻草人看起来也许不过是月光下的剪影，很容易吓到那些突然遇到它们的人。在定居在宾夕法尼亚州的德国人当中，稻草人有时被称为“布特扎蒙”（bootzamon），美国的传说称这些假人会在晚上活过来。多年后，这个名称变成了“bogeyman”（妖怪），一个用来吓唬小孩使他们听话的人物。

在诸多以稻草人为主角的故事中，第一个也许要算纳撒尼尔·霍桑（Nathaniel Hawthorne）于

① 该引文采用的是袁可嘉的译本。参见叶芝：《叶芝诗选II》，袁可嘉译，湖南文艺出版社 2017 年版，第 46 页。

1846年首次发表的《羽毛头》（“*Feathertop*”），作为他的短篇小说集《古屋青苔》（*Mosses from an Old Manse*）的一部分。新英格兰一位名叫里格比妈妈（Mother Rigby）的女巫试图制作一个最栩栩如生的稻草人，来保护她的田地免受乌鸦和黑鹂的侵害。稻草人的后背是用她晚上骑着到处跑的扫帚做的。他的身体是用来自伦敦和巴黎的华丽但已褪色的衣服制成的。他的脑袋是经过雕刻的南瓜，头发是羽毛做的。她认为这个稻草人太精美了，不能放在田野里浪费掉。于是她把魔法烟斗给他抽，使他活了起来，然后派他去城里，向一位小姐求爱。羽毛头——这是稻草人的名字——不愧是一个很有魅力且非常机智的人。然而，稻草人在意识到自己其实只是一捆稻草后，把烟斗一扔，死了。

虽然霍桑的故事今天基本上被遗忘了，但它使稻草人成为流行文化中的重要人物。天生机智却缺乏自信的羽毛头是另一人物的前身，20世纪初以来，后者已经成为后来文学乃至生活中大多数稻草人的范本。L. 弗兰克 · 鲍姆（L. Frank Baum）的小

说《绿野仙踪》(*The Wonderful Wizard of Oz*, 1900)及其续集，在某种程度上是以中世纪为基础的幻想作品，其中的稻草人成为儿童文学中最受欢迎的人物之一。女主人公多萝西(Dorothy)与稻草人相遇的那一段是儿童文学中最著名的段落之一。起初，稻草人确实把鸟吓跑了，但是后来，一只老乌鸦仔细打量他，然后落在他的肩膀上。据稻草人说，在他们的交谈中，乌鸦首先说：

> "我想知道那个农夫是不是想用这种笨拙的方式愚弄我。任何有头脑的乌鸦都能看出，你只是塞满了稻草。"然后他跳到我脚下，尽情享用谷物。其他鸟儿看到他没有受到我的伤害，也来吃谷物，所以短时间内就有一大群乌鸦围上来。
>
> 我对此感到难过，因为这表明我毕竟不是一个好稻草人。但是老乌鸦安慰我说："只要你的脑袋里有大脑，你就会像任何人一样优秀，而且比他们中的一些人更优秀。大脑是这个世界上唯一值得拥有的东西，无论你是乌鸦还是人。"[6]

几乎每个人都知道之后发生了什么。在经历了许多冒险之后，奥兹国的魔法师证明稻草人其实一直都很聪明。他所需要的只是一份认可他的智力的证书。这个故事预示了20世纪后期流行文化的趋势：增强自尊被说成是解决各种个人和社会弊病的良方。栖息在稻草人肩膀上的聪明的老乌鸦，作为一种守护精灵，已经成为美国流行文化中的一个标志性形象。每年万圣节，在海报上和几乎其他所有地方都能看到它，尽管很少有人意识到它源于L.弗兰克·鲍姆的儿童经典。

在英国，另一个田里的假人与《绿野仙踪》里的稻草人一样有名，叫华泽尔·古米治（Worzel Gummidge），是由小说家芭芭拉·尤范·托德（Barbara Euphan Todd）于1936年创造的，他的故事在广播剧、电视剧和电影中不断地被重述。华泽尔的脑袋是一个经过雕刻的萝卜，戴着黑色的圆顶硬礼帽，他是个可爱但性情暴躁的乡下人。较小的鸟类当然不怕他。一对英国知更鸟在他胸前的口袋里筑巢，麻雀从他的身体里偷走了稻草。尽管如

此，在赶走秃鼻乌鸦方面，他实际上干得很不错。华泽尔解释说，他获得这一成功，是因为他看上去太邋遢了，而秃鼻乌鸦除了在自己的巢穴里，是个秩序爱好者。在与鸟类的关系上，华泽尔或许有点像一位对大人威严但对小孩子很友好的叔叔。

和其他许多与农村生活相关的手工制品一样，在我们的高科技时代，传统稻草人已经失去了它们大部分一直值得怀疑的作用，却获得了怀旧的吸引力。那些真正热衷于吓跑乌鸦的农民，可能会在他们的田里竖起各种电子假人。有些被设定为每隔一段时间就发光，并发出像消防车一样的警报。其他的则有枪声等威胁性噪音的录音。一些技术复杂的稻草人还能挥舞四肢或旋转脑袋。这些假人在吓唬乌鸦方面的功效仍不确定，尽管它们在吓唬人类方面非常有效。

无论如何，那些真想把乌鸦赶走的农民必须不断创新，才能永远领先鸟儿一步。凯瑟琳·埃尔斯顿（Catherine Elston）最近写到一位亚利桑那州的农民，他是一名霍皮印第安人。他拿来一台大型手提式录音机，把音量调高，在他的田里播放震天响

的摇滚乐。第二天他回来时，田里的乌鸦比以前更多了，跟着节拍快活地跳来跳去。

稻草人没剩下多少实用性的幌子，却获得了作为艺术品的地位。今天，美国的几个农村社区在每年10月都会举办“稻草人节”。在制作稻草人的过程中，总是有着很多发挥的空间，稻草人反映了制作它们的民族的文化。法国稻草人是阴沉的，可能是为了让乌鸦觉得它们的面容特别具有威胁性，而乐观的美国人的稻草人永远都在微笑。英国人和爱尔兰人用他们的稻草人讽刺政治和社会。美国西南部的祖尼印第安人（Zuni Indian）的稻草人是色彩斑斓的恶魔，由骨头、破布和兽皮构成。日本人经常以收获之神案山子神（Sohodo-no-kami）的形象制作稻草人。有时，人们会在神像脚下留下少量的年糕作为祭品，传说这个季节收获之神通常会在稻草人身上安家。

20世纪，稻草人的范围和种类可能几乎在所有地方都有所增加。现在，它们提供了一个无限发挥想象力的机会。今天，它们是幽灵、女巫、吸血鬼、舞者、外星人、说唱明星和各式各样的恶魔。

# VIII

# 20世纪及以后

# THE TWENTIETH CENTURY AND BEYOND

祝你万事如意！如果是永别的话，也永远祝你幸福。

嘎！嘎！嘎！

——肖恩·奥凯西

《绿乌鸦》

所有关于动物的文章或艺术品都是与自然界相连的尝试，但人们对大自然的看法却有许多截然不同的方式。对于梵高而言，大自然仍然是和谐的源泉。但19世纪快结束时，人们越来越关注野外生活中的暴力。在经历了几十年的相对和平与繁荣之后，许多欧洲人和北美人感到厌烦和焦躁不安。像弗里德里希·尼采这样的思想家把野生动物，特别是食肉动物，和英雄气概的往昔以及荷马史诗中英雄们的原始生命力联系在一起。这种精神充满了“野生动物故事”流派的先驱者们的作品，如英国的鲁德亚德·吉卜林（Rudyard Kipling）和北

美的欧内斯特·汤普森·西顿（Ernest Thompson Seton）等人。他们认为动物们过着史诗般的生活，这与资产阶级男女的颓废形成鲜明对比。西顿在他的《我所知道的野生动物》（*Wild Animals I Have Known*）一书的引言中写道：“野生动物的生命总是有一个悲剧的结局。”他接着讲述了几个动物的故事，其中许多动物是文明社会的浪漫主义叛徒。

在他关于动物英雄的故事中，有《银斑，一只乌鸦的故事》（“Silverspot, the Story of a Crow”）。像西顿的大多数动物英雄一样，因嘴边一个浅色斑点得名的乌鸦银斑是一位非常勇敢和足智多谋的勇士。他在多伦多附近的一座小山上带领着约两百只乌鸦。他就像一名军官一样，训练手下的乌鸦觅食或躲避威胁，比如带武器的人。在他的领导下，鸦群兴旺发达，直到一个冬天的夜晚，他被一只猫头鹰杀死。没有了领袖，乌鸦数量下降，似乎注定被遗忘。

尽管有像吉尔伯特·怀特这样一些敏锐的观察者的作品，但是从亚里士多德到达尔文，对动物行

伊万·比利宾（Ivan Bilibin，1876—1942）是一位民间传说插画家，他的艺术作品反映了20世纪初俄罗斯的严酷生活，包括饥荒、大屠杀和战争。

为的研究基本上处于休眠状态。19世纪末，它还远不是完全公认的学科。西顿当然有科学的抱负，他强调说，他所有的动物故事，除了一些小小的推测和润色外，都是真实的。他是那个时代最受欢迎的博物学家，尽管在科学同行中，他在准确性方面并没有良好的声誉。他无疑花了大量的时间和动物在一起，并试图仔细地记录他的观察结果。在银斑的故事中，西顿甚至用音符来记录乌鸦的语言。

在许多诗人和小说家怀疑传统英雄主义的可能性，并转向像J. 阿尔弗雷德·普鲁弗洛克[1]或利奥波德·布卢姆[2]这样的“反英雄”的时代，西顿的动物故事中却充满了英勇的战士，进行着史诗般的斗争。他总是以有时被称为“英雄史观”的角度看待动物，这种观点强调杰出的个人而非经济或地理等条件的作用。如果这些故事是关于人类的，它们可能会被斥为低俗小说。然而由于它们是关于动物

① T. S. 艾略特早期作品《J. 阿尔弗雷德·普鲁弗洛克的情歌》中的主人公。

② 詹姆斯·乔伊斯的长篇小说《尤利西斯》中的主人公。

"瓷杯的柄，收藏品中的宝石"：欧内斯特·汤普森·西顿为他的《银斑，一只乌鸦的故事》(1898)画的插图。

的，所以他的多愁善感和情节化的倾向更容易被接受。西顿的每一个动物英雄都成为另一版本的汉尼拔（Hannibal）、罗宾汉或过去的其他崇高形象。至于银斑，他是某种怀亚特·厄普（Wyatt Earp）或狂野比尔·希科克（Wild Bill Hickok），保护一个边境社区免受不法势力的侵害，却以悲剧告终。有些乌鸦确实显得比其他乌鸦更有权威，但是，由一个有魅力的个体领导一个庞大的乌鸦社群的想法令人难以相信。另一方面，乌鸦充满了出人意料的地方，所以你没有办法确定。

几十年后，通过著名的奥地利动物行为学家康拉德·洛伦兹（Konrad Lorenz）的作品，对鸦科鸟类的科学研究开始受到人们欢迎，他和汤普森·西顿一样有魅力，而且狡猾得多。20世纪上半叶，两次世界大战占据了主导地位，两位博物学家都用军事隐喻来看待动物。1938年德国吞并奥地利后，洛伦兹立即加入了纳粹党，并在他的申请书中声明："我整个一生的科学工作——其中进化的、种族的和社会心理的问题是最重要的——一直在为国家社

会主义思想服务。”[1]不久之后，洛伦兹还成了纳粹政府的种族政策办公室的成员。战后，他设法隐瞒了自己参与过的政治活动，并写了一本关于他与动物的生活的通俗著作，书名为“所罗门王的指环”（*King Solomon's Ring*），很快就成了国际畅销书。

这本书里充满了可爱的小插图和漫画。洛伦兹养了一只宠物渡鸦，他曾经非常挑衅地盯着它，以向自己证实渡鸦不会啄人的眼睛。然而，洛伦兹圈养的一群寒鸦为他提供了更大量的素材储备。有一次，很多寒鸦围攻他，并开始啄他的一只手。他后来意识到，这是因为他的手里拿着一条松软的黑色泳裤，就像一只小寒鸦。因此他的结论是，寒鸦有一种防御本能，这种本能可能因为看到有人拿着任何类似于小鸟的物体而被触发。

尽管如此，作者作为纳粹理论家的背景是显而易见的，因为他将自然界看作残酷统治和不断冲突的场所。正如欧内斯特·汤普森·西顿一直关注个人的伟大，洛伦兹专注于等级制度。他声称观察到他那群寒鸦被精确地组织在一个金字塔结构中——

每一只寒鸦都清楚地知道哪些寒鸦的等级在他之上或之下，就像在军队里一样。然而，洛伦兹认定是高级别的一些寒鸦，在与假定的下级的关系中往往不会显示自己的权威。那么，你如何能确定这些等级是正确编制的呢？也许等级不是传递性的，或者是不断变化的？洛伦兹甚至没有考虑到这些可能性，但提供了另一种解释："等级非常高的寒鸦对于最低等级的寒鸦是相当高傲的，把它们看作脚下的尘土……"[2]换句话说，这群寒鸦就像一家大公司，其中的副总裁甚至不屑与流水线工人交谈。人们总是用熟悉的制度来描述动物社会，把它们的社会说成是君主国、军队、社会主义共和国或任何其他当前的时尚。

正如已经指出的，西顿和洛伦兹接近于动物行为研究的开端，自20世纪中期以来，动物行为研究变得复杂和微妙得多。这两位博物学家都引发了关于他们方法的科学性的激烈争论，这种争论一直持续到现在。西顿和洛伦兹毫不掩饰地使用拟人化的方法。换句话说，他们认为动物具有像人类一样的

反应。这种研究动物的方法的一个问题是，由于社会在不断变化，拟人论很快就会显得过时。洛伦兹和西顿所使用的模型现在看起来往往既不像动物又不像人类。即使是今天的公司，在很大程度上，也不再像洛伦兹的寒鸦那样等级分明。

与此同时，流行文化甚至比任何博物学家的作品都更加拟人化。将乌鸦与非洲黑人等同起来，是在由白人扮演黑人的滑稽说唱团演出中通过吉姆·克劳的形象确立的，在整个20世纪将以不那么恶毒的形式继续存在。在1941年的动画电影《小飞象丹波》（*Dumbo, the Flying Elephant*）中，主人公是一只长着巨大耳朵的小象，经常有乌鸦陪伴，乌鸦们说话带有浓重的南方口音，给人的感觉就像种植园里的黑人工人。他们以布鲁斯音乐的方式唱着："我想我会看到几乎所有东西/因为我看到了大象飞行。"尽管如此，乌鸦显然站在主人公的一边。他们给予丹波支持和理解，甚至帮助他发挥飞行的才能。同样有点争议的还有两只乌鸦，赫克尔（Heckel）和耶克尔（Jeckel），他们是华纳兄弟

幅20世纪20年代的法国广告中的鸟可能

HIMMLER, HAVING "DONE" THE NETHERLANDS, IS NOW AT WORK ON BELGIUM.
GESTAPO DEATH LIST
LOW

THE ANGELS OF PEACE DESCEND ON BELGIUM

电影公司一系列动画片的主角。20世纪五六十年代，这些动画片在美国很受欢迎。就像兔八哥和那个时代的其他许多卡通人物一样，他们是油嘴滑舌的骗子，有点像黑人贫民窟典型的街头骗子。但是，从圣经时代流传下来的鸦科鸟类的形象，无论善恶，都很少缺乏尊严。20世纪充满了《旧约》中世界末日式的灾难，其中包括集中营和原子弹。现在，生态崩溃或恐怖主义可能造成更大的破坏。20世纪上半叶，葡萄牙作家米格尔·托尔加（Miguel Torga）在他的故事《渡鸦文森特》（“Vincent the Raven”）中探讨了这些恐惧，该故事基于圣经中诺亚方舟的传说。渡鸦作为方舟中的一只动物，对于动物和地球因人类的罪行而受到惩罚感到愤怒。最后，他擅自离开了方舟，栖息在亚拉腊山的山顶，大声向上帝表达他的蔑视。洪水继续上升，但文森特拒绝离开。上帝终于意识到，如果他淹死文森特，他的创造物将不再是完整的，所以他发慈悲，不情愿地让洪水退去。文森特沿袭了犹太先知和圣人的传统，他们像所多玛（Sodom）和蛾摩

拉（Gomorrah）[①]面前的亚伯拉罕（Abraham）一样，会以正义的名义质疑上帝、与上帝讨价还价甚至蔑视上帝。

爱尔兰剧作家肖恩·奥凯西（1884—1964）正是本着类似的精神选择乌鸦作为他的象征。“一只普通的鸟，乌鸦，”他写道，“就像我是一个普通人，就像我们所有人一样。”[3]他讲述了一只高大且毛茸茸的雌乌鸦的故事，这只乌鸦从鸡舍里偷鸡蛋，引起了当地农民的愤怒。有一天晚上，奥凯西看到一位被称为神枪手的英国军官罗什中士（Sergeant Roche）在一棵树上发现了那个臭名昭著的强盗。中士慢慢地举起枪，旁观者认为乌鸦很快就会被打成碎片。然而，这一击却从未到来。乌鸦似乎消失了，尽管没有人看见她飞走，也没有听到翅膀的拍打声。突然，在远处，他们听到了这只鸟嘲弄的叫声。奥凯西不必向他的同胞解释这一事件的意义。乌鸦肯定会让他们想起几百年来蔑视并机

① 《旧约》中的两座罪恶之城。

敏地避开英国统治者的爱尔兰反叛者。

更具体地说，奥凯西把自己看成是一只“绿乌鸦”，也就是渡鸦。众所周知，绿色是爱尔兰叛军在1798年韦克斯福德（Wexford）叛乱之后服装的颜色。渡鸦这种鸟通常看起来是黑色的，但也可能是绿色甚至是紫色的，这取决于光照角度。这就像爱尔兰民族主义者，在英国统治下，向敌人隐瞒他们真正的忠心，却向朋友显露这种忠心。事实上，奥凯西受到许多民族主义者的公然抨击，他们认为他已经放弃了爱尔兰事业，追求更普遍的社会主义理想。他对这些批评的反应是，渡鸦实际上是绿色的，即使可能不是每个人都能看到；同样，奥凯西是爱尔兰人。这位剧作家还认为，爱尔兰人的斗争就像古代希伯来人所受的考验和磨难一样，具有普遍意义。乌鸦就是所有那些在大英帝国等强大机构主宰的世界中凭借自己的智慧幸存下来的人。

但是英国诗人泰德·休斯（Ted Hughes）与其说是把乌鸦的聪明看作农民的精明，不如说是看作地狱般的魔法。在休斯的诗集《乌鸦》（*Crow*,1970）

中，主人公贪婪无情，却坚不可摧。诗集开头的一首诗《在子宫门口的考试》（“Examination at the Womb-Door”）结尾是这样的：

谁比希望更强大？死亡
谁比意志更强大？死亡
比爱情更强大？死亡
比生命更强大？死亡
但谁比死亡更强大？
我，显然。
考试通过，乌鸦。

乌鸦接着将他的智慧与大自然比试，甚至与上帝比试。像现代人一样，他试图用技术设备——从汽车到撞击月球的火箭——来缓解自己无尽的无聊。虽然有时会被击败，但乌鸦总是设法生存下来。

所有的文化剧变总是有保守的一面，因为破坏现状会使被埋藏的传统浮出水面。就乌鸦来说，这些传统包括对地府的联想，这些联想可以追溯

在这张20世纪早期的英国藏书票中，一只乌鸦——一种“聪明的傻瓜”——加入了沉思的小丑的孤寂之中。

到基督教和犹太教之前很久。例如彼得·比格尔（Peter Beagle）的小说《一个美好而私密的地方》（*A Fine and Private Place*）。这个故事部分是基于圣经中的先知以利亚的故事，先知引退到荒野，在那里由渡鸦向他提供食物，并最终得以看到死者复活的幻象。这部小说设置于美国现代市郊社区的一块墓地，一位名叫莱布克先生（Mr Rebok）的古怪药剂师住在墓地里。他与死者的灵魂交谈，欢迎他们，一只会说话的渡鸦偷三明治给他吃。正如莱布克先生被夹在生者和死者的世界之间，渡鸦也不安地跨越自然与人类文明。和其他许多理想主义者一样，渡鸦谈到他提供的帮助时，带着一种可能近乎愤世嫉俗的幽默："渡鸦是非常神经质的鸟，"这只鸦科鸟类说，"我们比任何其他鸟类都更接近人类，我们一辈子都离不开他们，但我们不必喜欢他们。"莱布克先生最终离开墓地，帮名叫迈克尔（Michael）和劳拉（Laura）的两个鬼魂结为夫妻——他们曾经过着没有成就感和平淡无奇的生活——希望他们可以通过爱情获得重生。在小说的

结尾，不再被人需要的渡鸦在远处盘旋，毫无疑问在用和以前一样的讥讽的幽默感观察人们。

现代世界创造了各种民俗传统和宗教传统的结合，这些传统以前被教义和地理的障碍所分隔。这些融合运动的范围很广，从主要以拉丁美洲和加勒比地区的贫穷社区为中心的伏都教（voodoo）和萨泰里阿教（Santeria）等民间宗教，到主要吸引欧洲和北美中产阶级的“新纪元”精神信仰。在所有这些融合运动中，乌鸦或渡鸦都是重要的崇拜对象。玛丽·拉沃（Marie Laveau），19世纪的一位强大的女巫，被称为“新奥尔良的伏都教女皇”，据说有时以乌鸦的外形死而复生。

很难说它在多大程度上反映了或者延续至今天的现实生活，但许多电影和大众娱乐节目似乎都基于前基督教的荣誉准则，其中复仇是一项神圣的职责。一个很好的例子是由亚历克斯·普罗亚斯（Alex Proyas）执导的电影《乌鸦》（*The Crow*），它于1993年上映，很快成了特定群体狂热崇拜的中心。故事涉及一位名叫亚历克斯·德拉文

（Alex Draven）的年轻摇滚音乐家，他和未婚妻一起在万圣节被一帮暴徒杀害。在乌鸦的指引下，德拉文从死者的世界回来寻仇。乌鸦带他去找每一个凶手，德拉文一个接一个地惩罚他们，使他们痛苦地死去。乌鸦飞翔的场景将这部复仇电影的每一部分分隔开来。这部电影在技术上做得很好，但如果不是因为扮演德拉文的年轻明星李国豪（Brandon Lee，他是功夫传奇人物李小龙[Bruce Lee]的儿子，本人也是一位武术大师），它将是相当不起眼的。在整部影片中，匪徒们都试图用子弹或刀子杀死德拉文，结果却发现武器伤害不了一个已经死了的人。然而，在拍摄最后几个场景之一的时候，一支用来发射空包弹的枪居然上了膛。李国豪受了重伤，12小时后不治身亡。经过广泛的调查，警方认定这位魅力非凡的年轻演员被杀是一场意外，但此后一直都有谣言。这位明星是否真的因为泄露机密而被某个武术社暗杀？他是因为私下调查中国黑社会而被谋杀的吗？他被害的镜头真的在电影里出现了吗？继这部电影之后出现了一系列基于该故事的

电视上播放的电影和漫画书。对于整个美国及其他地方的奇幻片和恐怖片粉丝来说，德拉文幽灵般的微笑加上他身边的一只乌鸦成了一种标志性的形象。

那么现实生活中的乌鸦呢？在20世纪后半叶，对动物行为的研究变得精细得多，几位研究人员将他们职业生涯的大部分时间都投入对鸦科鸟类的研究。例如，劳伦斯·基勒姆（Lawrence Kilham）仔细观察了数群乌鸦，并异常细致地记录了他的观察结果。贝恩德·海因里希（Bernd Heinrich）更倾向于以实验为依据，进行了大量的野外实验。他留下动物死尸，注意到关于这些饵料的消息似乎在渡鸦中传播开来，试图以此了解渡鸦的社会结构。

然而，尽管他们的研究方法有了很多改进，但这些研究人员得出的结论中常常出现“有时”和“也许”这样的词。作为一个喜欢渡鸦的研究生，海因里希曾被导师告知：“渡鸦……比你聪明，你要花很多年才能在计谋上胜过它们，从而开始获得有意义的信息。”[4]海因里希在花了大半生的时间研

究渡鸦之后写道：

> 现在我已经和渡鸦亲密地生活了很多年，我看到了一些令人惊讶的行为，这是我在科学文献中的1400多篇关于渡鸦的研究报告和文章中都没有读到过的，而且是我做梦也想不到的。我开始怀疑，对所有渡鸦行为的解释是否都能硬塞进与蜜蜂同样的遗传和习得的反应类别中。还涉及别的东西……归根结底，想知道它们脑子里所发生的一切，就像无穷远一样，是一个无法到达的目的地。[5]

他发现渡鸦和人类一样，都是高度个性化的，倾向于以不可预测的方式行事。

鸦科鸟类以及它们的社群极具灵活性，因而很难从少数个体的行为来概括。和人类一样，它们也有文化。它们可能能够适应各种各样的环境，包括被科学家观察。为什么秋冬季节，在某些树林中，大量的鸦科鸟类聚集在一起？那么，为什么人们会在中央公园这样的地方聚集呢？你可以把后一个问

题提给数十位社会科学家、心理学家和小说家，所有人都会给出完全不同的答案。他们会分别强调权力、社交、食物、精神生活、性、天性、金钱、恐惧，等等，这取决于他们自己的兴趣和优先考虑的东西。大多数答案听起来都会很合理，但没有一个是真正完整的。每个答案都会告诉我们一些关于大众的事情，但更多是关于说话人本身。

对于那些把聚集在屋顶或树上的乌鸦作为写作主题的人来说，也差不多是一样的。在探讨这样的问题时，一定程度的拟人论是不可避免的，而这将反映出研究者的心理。例如，如果一位科学家说乌鸦这样做是为了寻求保护，这可能是因为她自己没有安全感。如果一位科学家说它们这样做是为了社交，那么答案可能反映出他自己的孤独。鸦科鸟类的行为可能有很多方面，以至于永远无法完全解释清楚。

自20世纪后半叶以降，乌鸦是城市景观中为数不多的看上去真正野生的元素之一。乌鸦因其有光泽的黑色，通常是显眼的，尤其是当你在雪地里或清晨明亮的天空中看到它们的时候。乌鸦也很吵

闹，它们的叫声即使并不悦耳，也无疑是生气勃勃的。很奇怪，人们没有更多地注意乌鸦，但这并不一定意味着乌鸦对我们不重要。

我们经常忽视乌鸦，很大程度上只是因为我们没有太多的实际理由去关注它们。我们知道如何利用大多数生活在人类附近的动物。例如鸽子供食用，并用来传递消息；每年在实验中使用数以百万计的老鼠和兔子。极少数几种动物占据的栖息地与人类大致相同，却至少在实际方面对我们没有什么好处或坏处，乌鸦是其中之一。它们常常给人一种极其冷漠的印象，就好像在耐心地等待人类时代过去。它们对人类的主要用途——如果有的话——一般是作为神迹或预兆。

也许我们大多数时候都认为乌鸦的存在是理所当然的，这实际上表明了一种特殊的亲密关系。同样，我们也没有注意到在繁忙的街道上和我们擦肩而过的面孔。然而，人们真的开始注意到乌鸦的时候，往往是在危机时期，因为即使是古板理性的男女也开始环顾四周寻求命运的指引。乌鸦唤起一种

神奇的感觉，这种感觉永远不会因熟悉而消散。在这一点上，就像在其他许多方面一样，乌鸦很像人类。

# 时间轴

# TIMELINE

| | |
|---|---|
| | 鸦科鸟类可能起源于现在澳大利亚所在的大陆块。 |
| 公元前3000万年至2000万年 | 大陆之间漂移得更近后，鸦科鸟类进入了亚洲。这一迁徙之后——随着这些鸟向欧洲和美洲扩散——是一个快速的进化分化期。 |
| 约公元前12000年 | 在最后一个冰河时期，小嘴乌鸦和冠鸦之间开始有了差异。 |
| 约公元前10000年 | 萨满教对渡鸦的崇拜开始从西伯利亚和中亚蔓延到北半球的大部分地区。 |
| 约公元前3000 年 | 据传说，诺亚从方舟中放出了一只渡鸦，但没有发现陆地；后来，诺亚放出一只鸽子，方舟停在亚拉腊山上。 |
| 约公元前600年 | 根据阿波罗多罗斯的讲述，名叫科洛尼斯的少女向阿波罗示爱，但嫁给了一个名叫伊斯库斯的年轻人。 |

当时是白色的乌鸦，把这一结婚的消息带给了阿波罗，太阳神在愤怒中把乌鸦变成了黑色。

约公元前500年

铁器时代，渡鸦被埋在凯尔特人的墓穴里。温克勒伯里的一只渡鸦被故意摆成展开翅膀的样子放在墓穴底部，可能是祭祀仪式的一部分。

约公元前330年

亚里士多德在《动物志》中说，“渡鸦”（korax）和“乌鸦”（korone）都是喜欢居住在城镇里的鸟类。

约公元前200年

埋藏在罗马尼亚西约姆麦斯蒂的凯尔特人铁头盔，顶上有一只渡鸦的形象，渡鸦带有装了铰链的翅膀，当佩戴头盔者进入战斗时，这些翅膀就会扇动起来。

约公元前43年

里昂市的原名叫卢格敦，意思是“渡鸦山”，之所以这样叫，是因为定居者跟随飞翔的渡鸦来到了这个地点。

约公元20年

在为卡斯特与帕勒克而设的神庙屋顶孵化出一只会说话的渡鸦，它每天都飞到集会的广场，向提比略皇帝和其他人致敬。这只鸟被杀后，愤怒的市民杀死了行凶者，一大群人参加了这只鸟的盛大葬礼（普林尼）。

约公元225年

隐士圣保罗在森林的洞穴里避难，以躲避德西乌斯皇帝。每天都有一只乌鸦给他带来半条面包。然而有一次，圣安东尼拜访了圣保罗，于是乌鸦带来了一整条面包（雅各·德·佛拉金，《黄金传说》，约1290年）。

约公元500年

在英国的亚瑟和奥维恩的军队之间的一场战役中，后者的部队是有魔力的渡鸦，能够从创伤中恢复，甚至能死而复生，它们即将打败亚瑟的士兵（《马比诺吉昂》中的《罗纳布维之梦》）。

约公元620年 根据传说，穆罕默德藏在山洞里躲避敌人。一只乌鸦——当时是白色的鸟——企图出卖先知，最终受到穆罕默德的惩罚，变成黑色，并永远被诅咒。

公元864年 一个维京人放飞一只渡鸦，跟在它后面航行，从而发现了冰岛（《弗洛基的传奇》）。

1349年 康拉德·冯·梅根伯格在他的通俗博物学著作中记述，渡鸦会故意啄出农场里骡子或牛的眼睛。

1555年 皮埃尔·贝隆说，英格兰禁止对渡鸦造成任何伤害，违者处以重罚，因为需要它们吃掉腐肉，从而预防疾病（《鸟类的自然历史》）。

1667年 查理二世下令驯养伦敦塔的渡鸦，由“约曼渡鸦大师”管理和控制。

1754年 宾夕法尼亚州代表大会上提出的一

| | |
|---|---|
| | 项建议请求该州规定，每位拓荒者射杀一打乌鸦，才能在边境上获得土地。 |
| 1785年 | 玛丽·安托瓦内特在凡尔赛收养了一只宠物乌鸦，每天早上都喂它。 |
| 1812年 | 格林兄弟的童话故事集第一版出版，其中包括有鸦科鸟类的故事。 |
| 1845年 | 埃德加·爱伦·坡发表了他的诗歌《乌鸦》。 |
| 1862—1874年 | 鸦科鸟类被引入新西兰，以帮助控制昆虫。 |
| 1890年 | 梵高创作《麦田里的乌鸦》，他的最后一批画作之一。 |
| 1900年 | L. 弗兰克·鲍姆出版《绿野仙踪》，其中有稻草人。 |
| 20世纪30年代 | 奥地利动物行为学家康拉德·洛伦 |

兹有一只宠物渡鸦和一群圈养的寒鸦，为他的理论提供了大量素材。

1970年 泰德·休斯出版诗集《乌鸦》。

1993年 亚历克斯·普罗亚斯执导的电影《乌鸦》很快成了特定群体狂热崇拜的中心。

2002年 在亚历克斯·卡塞尔尼克的牛津大学实验室，一只乌鸦想出了如何弄弯铁丝，做成钩子来取回食物。黑猩猩和猴子未能学会这一本领。

# 参考文献

# REFERENCES

## 引言

1 David Quamen, "Has Success Spoiled the Crow?", *Natural Acts: A Sidelong View of Science and Nature* (New York, 1985), pp. 30–31.

2 Keith Thomas, *Man and the Natural World* (New York, 1983), p. 138.

3 Burton Stevenson, ed., *The Macmillan Book of Proverbs, Maxims, and Famous Phrases* (New York, 1948), p. 1501.

## II

## 埃及、希腊和罗马

1 John Pollard, *Birds in Greek Life and Myth* (New York, 1977), p.179.

2 *Babrius and Phaedrus*, trans. Ben Edwin Perry (Cambridge, MA, 1965), p.446.

3 Aesop, *The Complete Fables*, ed. And trans. Olivia and Robert Temple (New York, 1998), p.37.

4 "The Comedy of Asses", in *Plautus*, trans. Paul Nixon (Cambridge, MA, 1961), vol. I, lines 259–61.

5 Pliny, *Natural History*, trans. H. Rackham, W.H.S. Jones et al. (Cambridge, MA, 1953), vol. 10, book x, chap. Lx, part 121.

6 *Suetonius*, trans. J. C. Rolfe (Cambridge, MA, 1997), book xxiii, section 2.

7 In *Catullus/Tibullus/Pervigilium Veneris*, ed. G. P. Goold, trans. J. P. Postgate (Cambridge, MA, 1962), book II, song vI, lines 19–20.

## III
## 欧洲中世纪与文艺复兴时期

1 Caroline Larrington, trans., *The Poetic Edda* (New York, 1996), p.54.

2 Hugh of Fouilloy, *The Medieval Book of Birds: Hugh of Fouilloy's Aviarium*, trans. Willene B. Clark (Binghamton, NY, 1992), pp. 174–5.

3 Seamus Heaney, trans., *Beowulf* (New York, 2000), lines 2440–44.

4 Arthur Quiller-Couch, ed., *The Oxford Book of Ballads* (Oxford, 1910), p. 67.

5 Richard Muir, *The English Village* (New York, 1980), p. 127.

6 Al-Qazwini,Hamdullah Al-Mustaufa, *The Zoological Section of the Nuzhatu-L-Qulab*, ed. and trans. J. Stephenson (London, 1928), pp. 21,81.

7 Edward Topsell, *The Fowles of Heaven, or History of Birdes*, ed. Thomas P.Harrison and F.David Hoeniger (Austin, TX, 1972), p. 229.

V

## 美洲土著文化

1 James Mooney, *The Ghost Dance Religion and the Sioux Outbreak of 1890* (Chicago, 1965), p. 214.

2 Ibid., p. 219.

3 Ibid., p. 234.

4 Debbie Burns, *Animal Totem Astrology: How to Use Native American Totems to Uncover your Unique Relationship to Nature and the Seasons* (Sydney, 2001), p. 35.

VI

## 浪漫主义时期

1 Gilbert White, *The Natural History of Selborne* (New York, c. 1890), p. 9.

2 William Stewart Rose, *Apology Addressed to the Traveler's Club, or Anecdotes of Monkeys* (London, 1825), p. 168.

3 Jacob and Wilhelm Grimm, *The Complete Fairy Tales of*

*the Brothers Grimm*, trans. Jack Zipes (New York, 1987), vol. I, legend 23.

4 Alexandr Afanas'ev, *Russian Fairy Tales*, trans. Norbert Guterman ( New York, 1973), pp. 588–9.

5 "The Raven" , in *Last Flowers: The Romance Poems of Edgar Allan Poe and Sarah Whitman* (Providence, RI, 1987), p. 5.

6 James Russell Lowell, *A Fable for Critics, by James Russell Lowell; with vignette portraits of authors de guibus fabula narratur* (London, 1890), p. 78.

7 R.H.Barham ( Thomas Ingoldsby,pseud.), *The Ingoldsby Legends, or Mirth and Marvels* (London, 1866), p. 132.

8 Bruce Bernard, ed., *Vincent by Himself: A Selection of Van Gogh's Paintings and Drawings Together with Extracts from his Letters* (letters trans. Johanna Van Gogh) (Boston, MA, 1985), p. 214.

## VII

## 乌鸦之王

1 Mary Webb, *Precious Bane* ( New York, c. 1960), p. 45.

2 Wilson, Alexander, and Charles Lucian Bonaparte, *American Ornithology, or The Natural History of Birds in*

*the United States*, 4 vols, ed.Robert Jameson (Edinburgh, 1831), I, pp. 237–8.

3 James Giblin and Dale Ferguson, *The Scarecrow Book* (New York, 1980), p. 28.

4 Ibid., p.18.

5 Thomas Hardy, *Jude the Obscure* (New York, 1961), p. 19.

6 L.Frank Baum, *The Wonderful Wizard of Oz* (New York, 1960), p.47.

## VIII

## 20世纪及以后

1 Benedikt Foger and Klaus Taschwer, *Die Andere Seite des Spiegels: Konrad Lorenz und der Nationalsozialismus* (Vienna, 2001), p. 79.

2 Ibid., p. 147.

3 Sean O'Casey, *The Green Crow* (New York, 1956), p. vii.

4 Bernd Heinrich, *Ravens in Winter* (New York, 1989), p. 59.

5 Bernd Heinrich, *Mind of the Raven* (New York, 1999), p. xxi.

# 文献目录

# BIBLIOGRAPHY

Aelian, *On Animals*, 3 vols, trans. A. F. Scholfield (Cambridge, MA, 1971)

Aesop, *The Complete Fables*, ed. and trans. Olivia and Robert Temple (New York, 1998)

Afanas'ev, Alexandr, *Russian Fairy Tales*, trans. Norbert Guterman (New York, 1973)

Al-Qazwini, Hamdullah Al-Mustaufa, *The Zoological Section of the Nuzhatu-L-Qulāb*, ed. and trans. J. Stephenson (London, 1928)

Angell, Tony, *Ravens, Crows, Magpies, and Jays* (Seattle, WA, 1978)

Apollonius of Rhodes, *The Voyage of Argo*, trans. E. V. Rieu (New York, 1971)

Aristophanes, "The Birds", in *Aristophanes*, 3 vols, trans. Benjamin Bickley Rogers (Cambridge, MA, 1974), Ii, pp. 123-130

Aristotle, *Historia Animalium*, vol. 1 (books I-X), ed. D. M. Balme (Cambridge, 2002)

Associated Press, "Smart Crow Makes Her Own Tools To Get Food—Research", *Daily Hampshire Gazette* (8 August 2002), p. c10

*Babrius and Phaedrus*, trans. Ben Edwin Perry (Cambridge, MA, 1965)

Barham, R. H. (Thomas Ingoldsby, pseud.), *The Ingoldsby Legends, or Mirth and Marvels* (London, 1866)
Baum, L. Frank, *The Wonderful Wizard of Oz* (New York, 1960)
Beagle, Peter S., *A Fine and Private Place* (New York, 1992)
Belon du Mans, Pierre, *L'Histoire de la Nature des Oyseaux: Facsimilé de l' édition de 1555* (Geneva, 1997)
Bernard, Bruce, ed., *Vincent by Himself: A Selection of Van Gogh's Paintings and Drawings Together with Extracts from his Letters* (letters trans. Johanna Van Gogh) (Boston, MA, 1985)
Bierhorst, John, *Mythology of the Lenape* (Tucson, AZ, 1995)
Buck, William, trans., *Ramayana* (Berkeley, CA, 1976)
Burns, Debbie, *Animal Totem Astrology: How to Use Native American Totems to Uncover Your Unique Relationship to Nature and the Seasons* (Sydney, 2001)
Campbell, Joseph, *Historical Atlas of World Mythology*, 4 vols (New York, 1988)
Cervantes, Miguel de, *Adventures of Don Quixote*, trans. J. M. Cohen (New York, 1988)
Christie, Anthony, *Chinese Mythology* (New York, 1996)
Cicero, *The Nature of the Gods and On Divination*, trans. C.

D. Yonge (Amherst, MA, 1997)
Cleansby, Richard, and Gudbrand Vigfusson, *An Icelandic-English Dictionary* (Oxford, 1957)
Coombs, Franklin, *The Crows: A Study of Corvids in Europe* (London, 1978)
Dähnhardt, Oskar, *Naturgeschichtliche Volksmärchen*, 2 vols, 3rd edn (Leipzig, 1909)
Davis, Courtney, and Dennis O'Neil, *Celtic Beasts: Animal Motifs and Zoomorphic Design in Celtic Art* (London, 1999)
Dickens, Charles, *Barnaby Rudge* (New York, 1966)
Disney Studios, *Dumbo*, video, 60th anniversary edition (Los Angeles, 2001)
Dolan, Edward F., *Animal Folklore: From Black Cats to White Horses* (New York, 1992)
Elston, Catherine Feher, *Ravensong: A Natural and Fabulous History of Ravens and Crows* (Flagstaff, AZ, 1991)
Ferguson, Gary, *The World's Great Nature Myths* (Helena, MT, 1996)
Föger, Benedikt, and Klaus Taschwer, *Die Andere Seite des Spiegels: Konrad Lorenz und der Nationalsozialismus* (Vienna, 2001)
Fontenay, Elizabeth de, *Le silence des bêtes: La philosophie*

*à l'épreuve de l'animalité* (Paris, 1998)
Giblin, James, and Dale Ferguson, *The Scarecrow Book* (New York, 1980)
Giles, Herbert A., trans., *Strange Stories from a Chinese Studio* (New York, 1926)
Gill, Sam D., and Irene F. Sullivan, *Dictionary of Native American Mythology* (New York, 1992)
Goodchild, Peter, *Raven Tales: Traditional Stories of Native Peoples* (Chicago, 1991)
Goodwin, Derek, *Crows of the World* (Ithaca, NY, 1976)
Grantz, Jeffrey, trans., *Early Irish Myths and Sagas* (New York, 1981)
—, trans., *The Mabinogion* (New York, 1976)
Green, Miranda, *Celtic Myths* (Austin, TX, 1993)
—, *Animals in Celtic Life and Myth* (New York, 1992)
Grimm, Jacob, and Wilhelm, *The Complete Fairy Tales of the Brothers Grimm*, trans. Jack Zipes (New York, 1987)
—, *The German Legends of the Brothers Grimm*, 2 vols, ed. and trans. Donald Ward (Philadelphia, 1981)
Gubernatis, Angelo de, *Zoological Mythology or Mythology of Animals* (Chicago, 1968)
Haining, Peter, *The Scarecrow: Fact and Fable* (London, 1988)

Hardy, Thomas, *Jude the Obscure* (New York, 1961)
Hawthorne, Nathaniel, *The Old Manse* (Bedford, MA, 1997)
Heaney, Seamus, trans., *Beowulf* (New York, 2000)
Heinrich, Bernd, *Ravens in Winter* (New York, 1989)
Herodotus, *Herodotus*, 4 vols, trans. A. D. Godley (New York, 1926)
Hitakonanu'larxk, *The Grandfathers Speak: Native American Folk Tales of the Lenape People* (New York, 1994)
Hole, Christina, E. Radford and M. A. Radford, *The Encyclopedia of Superstitions* (New York, 1996)
Homer, *The Iliad*, trans. A. T. Murray (Cambridge, MA, 1967)
Houlihan, Patrick F., *The Animal World of the Pharaohs* (New York, 1996)
Hugh of Fouilloy, *The Medieval Book of Birds: Hugh of Fouilloy's Aviarium*, trans. Willene B. Clark (Binghamton, NY, 1992)
*The Jerusalem Bible, Reader's Edition*, ed. Alexander Jones (Garden City, NY, 1968)
Joyce, P.W., ed., *Old Celtic Romances: Tales from Irish Mythology* (New York, 1962)
Kilham, Lawrence, *The American Crow and the Common*

*Raven* (College Station, TX, 1989)
Kors, Alan C., and Edward Peters, eds, *Witchcrafi in Europe 1100-1700: A Documentary History* (Philadelphia, 1972)
Larrington, Caroline, trans., *The Poetic Edda* (New York, 1996)
Leeming, David, and Margaret Leeming, *A Dictionary of Creation Myths* (New York, 1994)
Livy, *Livy*, 14 vols, trans. B. O. Foster (Cambridge, MA, 1960)
Lorenz, Konrad Z., *King Solomon's Ring: New Light on Animal Ways*, trans. Marjorie Kerr Wilson (New York, 1952)
Lowell, James Russell, *A Fable for Critics, by James Russell Lowell; with vignette portraits of authors de guibus fabula narratur* (London, 1890)
Maolotki, Ekkehart, ed., *Hopi Animal Stories* (Lincoln, NE, 2001)
Martin, Bobi, *All About Scarecrows* (Fairfield, CA, 1990)
Megenberg, Konrad von (Conrad von Alemann), *Das Buch der Natur* (reprint of the original edn of 1348-1349) (Stuttgart, 1861)
Mooney, James, *The Ghost Dance Religion and the Sioux*

*Outbreak of 1890* (Chicago, 1965)
Muir, Richard, *The English Village* (New York, 1980)
Neal, Avon, and Ann Parker, *Scarecrows* (Barre, MA, 1978)
Nelson, R. K., *Make Prayers to the Raven: A Koryukan View of the Northern Forest* (Chicago, 1983)
Nicol, C. W., *The Raven's Tale* (Madeira Park, BC, 1993)
O'Casey, Sean, *The Green Crow* (New York, 1956)
Ovid, *Fasti*, trans. James G. Frazer (Cambridge, MA, 1996)
—, *Metamorphoses*, trans. Rolfe Humphries (Bloomington, IN, 1955)
Pausanius, *Description of Greece*, 5 vols, trans. W. H. S. Jones (Cambridge, MA, 1959-1961)
Plautus, "The Comedy of Asses", *Plautus*, trans. Paul Nixon (Cambridge, MA, 1961), vol. I, pp. 123-230
Pliny, *Natural History*, 10 vols, trans. H. Rackham, W. H. S. Jones et al. (Cambridge, MA, 1953)
Plutarch, *Greek Lives: A Selection of Nine Greek Lives*, trans. Robin A. Waterford (New York, 1999)
—, "On the Use of Reason by Irrational Animals", *Essays*, trans. Robin Waterfield (New York, 1992), pp. 38-39
Poe, Edgar Allan, "The Philosophy of Composition", *Readings on Edgar Allan Poe*, ed. Bonnie Szumski (San Diego, CA, 1998), pp. 137-147

—, "The Raven", *Last Flowers: The Romance Poems of Edgar Allan Poe and Sarah Whitman* (Providence, RI, 1987), pp. 11-13

Poignant, Roslyn, *Oceanic Mythology* (New York, 1967)

Pollard, John, *Birds in Greek Life and Myth* (New York, 1977)

Proyas, Alex (Director), *The Crow*, video-cassette (Burbank, CA: Buena Vista Home Video, 1994)

P'u Sung-ling, *Strange Stories from a Chinese Studio*, trans. Herbert A. Giles (New York, 1926)

Quamen, David, "Has Success Spoiled the Crow?", in *Natural Acts: A Sidelong View of Science and Nature* (New York, 1985), pp. 30-35

Quigley, Christine, *The Corpse: A History* (London, 1996)

Quiller-Couch, Arthur, ed., *The Oxford Book of Ballads* (Oxford, 1910)

Reid, Bill, and Robert Bringhurst, *The Raven Steals the Light* (Seattle, WA, 1988)

Ritter, Johann, and Carl Kesslar, eds, *Geseze der Republik Pennsylvanien* (Reading, PA, 1807)

Roob, Alexander, *Alchemy and Mysticism* (New York, 1997)

Rose, William Stewart, *Apology Addressed to the Traveler's*

*Club, or Anecdotes of Monkeys* (London, 1825)
Rowland, Beryl, *Birds with Human Souls: A Guide to Bird Symbolism* (Knoxville, TN, 1978)
Sax, Boria, *Animals in the Third Reich: Pets, Scapegoats, and the Holocaust* (New York, 1999)
—, *The Parliament of Animals: Anecdotes and Legends, 1750-19oo* (New York, 1992)
Saxe, John Geoffrey, "The Blind Men and the Elephant" (after a passage in the *Udana*, a Hindu scripture), *Elephants Ancient and Modern*, ed. F. C. Sillar and R. M. Meyer (New York, 1968), pp. 139-140
Schochet, Elijah, *Animal Life in Jewish Tradition: Attitudes and Relationships* (New York, 1984)
Scott, Sir Walter, *Letters on Demonology and Witchcraft* (1832)
Seidelman, Harold, and James Turner, *The Inuit Imagination: Arctic Myth and Sculpture* (New York, 1994)
Seton, Ernest Thompson (pseud. of Ernest Seton Thompson), *Wild Animals I have Known* (New York, 1900)
Shakespeare, William, *The Complete Works*, ed. David Bevington, 4th edn (Boston, 1997)
Stevenson, Burton, ed., *The Macmillan Book of Proverbs, Maxims, and Famous Phrases* (New York, 1948)

Stone, Brian, trans., *The Owl and the Nightingale/ Cleanness/ St Erkenwald*, 2nd edn (New York, 1988)

Suetonius, *Suetonius*, trans. J. C. Rolfe (Cambridge, MA, 1997)

Thomas, Keith, *Man and the Natural World* (New York, 1983)

Thompson, D'Arcy Wentworth, *A Glossary of Greek Birds* (London, 1936)

Tibullus, *Catullus/Tibullus/Pervigilium Veneris*, ed. G. P. Goold, trans. J. P. Postgate (Cambridge, MA, 1962), pp. 192-339

Todd, Barbara Euphan, *Worzel Gummidge, or The Scarecrow of Scatterbrook* (New York, 1941)

Toperoff, Sholomo Pesach, *The Animal Kingdom in Jewish Thought* (Northvale, NJ, 1995)

Topsell, Edward, *The Fowles of Heaven, or History of Birdes*, ed. Thomas P. Harrison and F. David Hoeniger (Austin, TX, 1972)

Torga, Miguel, "Vincent the Raven", *Farrusco the Blackbird and Other Stories from the Portuguese*, trans. Denis Brass (London, 1950), pp. 83-88

Tymoczko, Maria, *Two Death Tales from the Ulster Cycle: The Death of Cu Roi and The Death of Cu Chulainn* (Dublin, 1981)

Van Laan, Nancy, Rainbrow Crow: A Lenape Tale (New York, 1991)

Virgil, *The Singing Farmer: A Translation of Virgil's "Georgics"*, trans. L. A. S. Jermyn (Oxford, 1947)

Voragine, Jacobus de, *The Golden Legend: Readings on the Saints*, 2 vols, trans. William Granger Ryan (Princeton, NJ, 1995)

Waddell, Helen, *Beasts and Saints* (Grand Rapids, MI, 1996)

Webb, Mary, *Precious Bane* (New York, c. 1960)

White, Gilbert, *The Natural History of Selborne* (New York, c. 1890)

Wilson, Alexander, and Charles Lucian Bonaparte, *American Ornithology, or The Natural History of Birds in the United States*, 4 vols, ed. Robert Jameson (Edinburgh, 1831)

Yeats, W. B., *The Poems of W. B. Yeats* (New York, 1983)

# 协会和网站

# ASSOCIATIONS AND WEBSITES

CITY OF RAVENS

www.facebook.com/Tower.Ravens

本书作者在Facebook上的网页，提供有关人类文化中的乌鸦和渡鸦的链接和新闻。

CORVID CORNER

http: //corvidcorner.com

一个另类却令人愉快的网站，世界各地的人在上面交流有关鸦科鸟类的图片、传说、视频、新闻和经历。

CROWS:

THE LANGUAGE AND CULTURE OF CROWS

www.crows.net

一个致力于研究短嘴鸦的文化与传播的网站。

DEBBY PORTER

www.debbyporter.com/corvidae

黛比·波特的网站，上面有许多其他网站的链接，这些网站涉及乌鸦和渡鸦的各个方面。

KEVIN J. MCGOWAN

http://birds.cornell.edu/crows

康奈尔大学鸟类学家凯文·J. 麦高恩的网站，
他专门研究乌鸦。有关鸦科鸟类行为生态学的疑问，
将会得到亲切和可靠的答复。

LIVING WITH WILDLIFE

http: //wdfw.wa.gov/living/crows.html

一个由美国华盛顿州运营的网站，
其中包含非常实用的信息和建议，供希望在野外观察
鸦科鸟类或与之互动的人们使用。

PET CROWS AND RAVENS WEBRING

www.angelfire.com/nj2/corax/ring.html

人们在这个网站上交流饲养宠物乌鸦和渡鸦的技巧、
经历和信息。

# 致谢

# ACKNOWLEDGEMENTS

我要感谢我的妻子琳达·萨克斯（Linda Sax），在本书的撰写过程中，她给了我许多建议和鼓励。也非常感谢玛丽恩·W. 科普兰（Marion W. Copeland），关于现代文学中的动物，她有着丰富的知识，给了我很大的帮助。鲍勃·赖泽（Bob Reiser）提醒我注意彩虹乌鸦的故事和其他重要的传说。我也感谢乔纳森·伯特（Jonathan Burt），他是一位学者和动物系列的编辑，是他首先建议我写这本书。

自从把乌鸦作为写作的主题，我越发意识到它们在我日常生活中的存在，它们引发我的思考，给予我教诲和娱乐。如果读者有类似的体验，这本书就达到了它的主要目的。

# 图片致谢

# PHOTO ACKNOWLEDGEMENTS

本书作者和出版商希望对以下插图材料的来源和/或复制许可表示感谢。虽然我们已尽一切努力来确认和称颂版权持有人，但我们要向没有得到正式鸣谢的人道歉。

法国国家图书馆：第71页，第152页。塞巴斯蒂安·布兰特，《布兰特博士的愚人船》（巴塞尔，1499）：第125页。大英图书馆，伦敦：第106页，第109页。克利夫兰艺术博物馆，俄亥俄州：第145页。考陶尔德美术馆，伦敦：第216页。E. H. 伊顿，《纽约的鸟》，二卷（奥尔巴尼，纽约，1910/1914）：第39页。杰西·沃尔特·费克斯（Jesse Walter Fewkes），《当地艺术家画的霍皮克奇纳神》（华盛顿特区，1904）：第175页下图。让·德·拉·封丹，《拉·封丹寓言选集》，四卷（巴黎，1755—1759）：第189—190页，第193页。亚瑟·查尔斯·福克斯-戴维斯（Arthur Charles Fox-Davies），《纹章学完整指南》（爱丁堡，1909）：第15页，第30页，第81页，第128页。J. W. 冯·歌德，《列那狐》（斯图加特，1857）：第114页。J. J. 格兰威尔，《动物》（巴黎，1866）：第47页，第205—207页。汉堡市立美术馆：第198页（埃

尔克·沃尔福德 [Elke Walford] 拍摄的照片/汉堡市立美术馆/bpk柏林）。《哈泼斯周刊》，XXV/1285（1881年8月6日）：第220页。《格林童话》（纽约，1866）：第202页。威廉·贾丁（William Jardine）编，《博物学家的图书馆》，第二卷，《鸟类学：大不列颠与爱尔兰的鸟》，第二部分（爱丁堡，1853）：第53页。奥斯汀·亨利·莱亚德（Austen Henry Layard），《尼尼微和它的遗迹》，第二卷（纽约，1849）：第54页。美国国会图书馆，华盛顿特区（印刷品与照片部）：第178页，第246页（约翰·瓦尚 [John Vachon] 拍摄的照片）。大都会艺术博物馆，纽约（朱尔斯·贝克 [Jules Bache] 收藏）：第196页（照片©1994，MMA）。F. O. 莫里斯牧师（Rev. F. O. Morris），《英国鸟类史》，第二卷（伦敦，1855）：第17页，第20—21页，第43页，第135页。普拉多博物馆，马德里：第121页。加拿大国家美术馆，渥太华：第225页。牛津大学新学院：第118页。维多利亚国家美术馆，墨尔本：第235页。台北故宫博物院：第155页。埃德加·爱伦·坡，《钟声与其他诗选》（纽约与伦敦，1912）：第213页。埃德加·爱伦·坡，《乌鸦》，《埃德加·坡诗歌》（巴

黎，1871）：第217页。埃德加·爱伦·坡，《乌鸦》（纽约，1884）：第210—211页。让-巴蒂斯特·萨马特（Jean-Baptiste Samat），《狗，猎物及其敌人》（圣埃蒂安，1907）：第10页。欧内斯特·汤普森·西顿，《我所知道的野生动物》（伦敦，1899）：第265—266页。埃德蒙·J. 沙利文（Edmund J. Sullivan），《凯撒的花环》（伦敦，1915）：第221页。三一学院，都柏林：第99—100页。梵高博物馆，阿姆斯特丹（文森特·梵高基金会）：第228—229页。

# 英汉名称对照表

# COMPARISON TABLE OF ENGLISH AND CHINESE NAMES

A

| | |
|---|---|
| Abel | 亚伯 |
| Abraham | 亚伯拉罕 |
| Aelian | 艾利安 |
| Aeneas | 埃涅阿斯 |
| Aesop | 伊索 |
| Afanas'ev, Alexandr | 阿法纳西耶夫，亚历山大 |
| "White Duck, The" | 《白鸭子》 |
| Ahab, King | 亚哈王 |
| Aitken, James | 艾特肯，詹姆斯 |
| *Alphonso Psalter* | 《阿方索诗篇》 |
| Al-Qazwini, Hamdullah Al-Mustaufa | 阿尔–卡兹韦尼，哈姆杜拉·阿尔–穆斯塔法 |
| Amalthea | 阿玛耳忒亚 |
| Amaterasu | 天照大神 |
| Ammon | 阿蒙 |
| Angelo | 安哲鲁 |
| Antoinette, Marie | 安托瓦内特，玛丽 |
| Antony, Mark | 安东尼，马克 |
| Aphrodite | 阿弗洛狄忒 |
| Apollodorus | 阿波罗多罗斯 |
| Apollonius Rhodes | 罗得岛的阿波罗尼奥斯 |
| *Voyage of Argo, The* | 《阿尔戈船英雄纪》 |
| Arapaho Indian | 阿拉帕霍印第安人 |

| | |
|---|---|
| Aries | 阿瑞斯 |
| Aristeas | 阿里斯提亚斯 |
| Aristophanes | 阿里斯托芬 |
| *Birds, The* | 《鸟》 |
| Aristotle | 亚里士多德 |
| *Historia Animalium* | 《动物志》 |
| Arthur | 亚瑟 |
| Asclepios | 艾斯库累普 |
| Ashurbanipal | 亚述巴尼拔 |
| Athabascan Indian | 阿萨巴斯坎印第安人 |
| Athena, Pallas | 雅典娜，帕拉斯 |
| Audubon, J. J. | 奥杜邦，J. J. |

B

| | |
|---|---|
| Baal | 巴力 |
| Babrius | 巴布里乌斯 |
| Badbh | 巴德布 |
| Balaam | 巴兰 |
| Balak | 巴勒 |
| Barbarosa, Frederick | 巴巴罗萨，弗雷德里克 |
| Barham, R. H. | 巴勒姆，R. H. |
| *Ingoldsby Legends, or Mirth and Marvels* | 《英格尔兹比传说，或欢乐和奇迹》 |
| "Jackdaw of Rheims, The" | 《兰斯的寒鸦》 |

| | |
|---|---|
| Baum, L. Frank | 鲍姆，L. 弗兰克 |
| *Wonderful Wizard of Oz, The* | 《绿野仙踪》 |
| Beagle, Peter | 比格尔，彼得 |
| *A Fine and Private Place* | 《一个美好而私密的地方》 |
| Belon, Pierre | 贝隆，皮埃尔 |
| *L'Histoire de la Nature des Oyseaux* | 《鸟类的自然历史》 |
| Berry, Duke of | 贝里公爵 |
| *Très Riches Heures* | 《豪华时祷书》 |
| Betty | 贝蒂 |
| Bilibin, Ivan | 比利宾，伊万 |
| Blake | 布莱克 |
| Bonaparte, Charles | 波拿巴，查尔斯 |
| *Book of Invasions* | 《入侵记》 |
| *Book of Kells, The* | 《凯尔斯书》 |
| Brahma | 梵天 |
| Brân | 布兰 |
| Brandt, Sebastian | 布兰特，塞巴斯蒂安 |
| *Ship of Fools, The* | 《愚人船》 |
| Bruegel, Pieter the Elder | 勃鲁盖尔，老彼得 |
| *Triumph of Death, The* | 《死亡的胜利》 |

| | |
|---|---|
| Brutus | 布鲁图 |
| Burt, Jonathan | 伯特，乔纳森 |

## C

| | |
|---|---|
| Cassius | 凯歇斯 |
| Castor | 卡斯特 |
| Chuckchee | 楚科奇人 |
| Cicero | 西塞罗 |
| *De Divinatione* | 《论占卜》 |
| Cocharelli | 科查雷利 |
| *Colossians* | 《歌罗西书》 |
| Corbet | 科比特 |
| Coronis | 科洛尼斯 |
| Crane, Walter | 克莱恩，沃尔特 |

## D

| | |
|---|---|
| Dacian | 达契安 |
| de Pizan, Christine | 德·皮桑，克里斯蒂娜 |
| *Book of the City of Ladies, The* | 《妇女城》 |
| de Voragine, Jacob | 德·佛拉金，雅各 |
| *Golden Legend, The* | 《黄金传说》 |
| *Death of Cu Culainn, The* | 《库丘兰之死》 |
| Decius | 德西乌斯 |
| Dickens, Charles | 狄更斯，查尔斯 |

| | |
|---|---|
| *Barnaby Rudge* | 《巴纳比·拉奇》 |
| Dionysus | 狄俄尼索斯 |
| Domitian | 图密善 |
| Doré, Gustave | 多雷，古斯塔夫 |
| Dorothy | 多萝西 |
| Draven, Alex | 德拉文，亚历克斯 |
| Dulac, Edmund | 杜拉克，埃德蒙 |
| *Dumbo, the Flying Elephant* | 《小飞象丹波》 |
| Dürer, Albrecht | 丢勒，阿尔布雷希特 |
| *St Anthony and St Paul in the Wilderness* | 《圣安东尼和圣保罗在荒野》 |

E

| | |
|---|---|
| Earp, Wyatt | 厄普，怀亚特 |
| Eaton | 伊顿 |
| *Birds of New York* | 《纽约的鸟》 |
| Elijah | 以利亚 |
| Elston, Catherine | 埃尔斯顿，凯瑟琳 |
| Epona | 埃波纳 |
| Erichthonius | 厄里克托尼俄斯 |
| *Evening Standard* | 《标准晚报》 |

F

| | |
|---|---|
| Fludd, Robert | 弗勒德，罗伯特 |
| Ford, Henry | 福特，亨利 |

| | |
|---|---|
| Formian | 弗米安人 |
| Friedrich, Caspar David | 弗里德里希，卡斯帕·大卫 |
| *Hill and Ploughted Field near Dresden* | 《德累斯顿附近的丘陵和耕地》 |

G

| | |
|---|---|
| Gaia | 盖亚 |
| Galante of Safed, Moses | 萨法德的摩西 · 加兰特 |
| Garuda | 揭路荼 |
| Gauguin, Paul | 高更，保罗 |
| *Nevermore* | 《永不复焉》 |
| Geirrod | 盖尔罗德 |
| Gowdie, Isobel | 戈迪，伊泽贝尔 |
| Goya, Francisco | 戈雅，弗朗西斯科 |
| *Don Manuel Osorio Manrique de Zuñiga* | 《红衣孩童》 |
| Grandville, J. J. | 格兰威尔，J. J. |
| *Les Animaux* | 《动物》 |
| Grimm brothers | 格林兄弟 |
| "Faithful Johannes" | 《忠实的约翰尼斯》 |
| "Hänsel and Gretel" | 《糖果屋》 |
| Gryllus | 格里卢斯 |
| Gummidge, Worzel | 古米治，华泽尔 |

H

| | |
|---|---|
| Haida Indian | 海达印第安人 |
| Hannibal | 汉尼拔 |
| Hardy, Thomas | 哈代，托马斯 |
| *Jude the Obscure* | 《无名的裘德》 |
| Hawthorne, Nathaniel | 霍桑，纳撒尼尔 |
| "Feathertop" | 《羽毛头》 |
| *Mosses from an Old Manse* | 《古屋青苔》 |
| Heckel | 赫克尔 |
| Heinrich, Bernd | 海因里希，贝恩德 |
| Hephaestus | 赫菲斯托斯 |
| Hesiod | 赫西奥德 |
| *Precepts of Chiron, The* | 《奇隆戒律》 |
| Hickok, Wild Bill | 希科克，狂野比尔 |
| Himmler | 希姆莱 |
| Holmes-Tarn, Harry | 福尔摩斯-塔恩，哈利 |
| Hopi Indian | 霍皮印第安人 |
| Horapollo | 赫拉波罗 |
| Hugh of Fouilloy | 富伊瓦的休 |
| *Aviarium* | 《鸟舍》 |
| Hughes, Ted | 休斯，泰德 |
| "Examination at the Womb-Door" | 《在子宫门口的考试》 |
| Hugin | 胡金 |

| | | |
|---|---|---|
| I | Ingoldsby, John | 英格尔兹比，约翰 |
| | Ischys | 伊斯库斯 |
| | Isidore of Seville | 塞维利亚的伊西多尔 |
| J | Jeckel | 耶克尔 |
| | Jehosophat | 约沙法 |
| | Jim Crow | 吉姆·克劳 |
| | "Jim Jones in Botany Bay" | 《吉姆·琼斯在植物学湾》 |
| | Jimmu-Tenno | 神武天皇 |
| | Johanna | 约翰娜 |
| K | Kacelnik, Alex | 卡塞尔尼克，亚历克斯 |
| | *Kalila wa Dimna* | 《卡里莱和笛木乃》 |
| | "Crows Trapping Owls in a Cave" | 《乌鸦把猫头鹰困在洞穴里》 |
| | Kaulbach, Wilhelm | 考尔巴赫，威廉 |
| | Kilham, Lawrence | 基勒姆，劳伦斯 |
| | Kipling, Rudyard | 吉卜林，鲁德亚德 |
| | Koryak | 科里亚克人 |
| | Kwakiutl | 夸扣特尔人 |
| | Kyosai, Kawanabe | 河锅晓斋 |
| | *Full Moon with Crow on Plum Branch* | 《满月乌鸦栖梅枝》 |

## L

| | |
|---|---|
| La Fontaine, Jean de | 拉·封丹，让·德 |
| Laveau, Marie | 拉沃，玛丽 |
| Lee, Brandon | 李国豪 |
| Lee, Bruce | 李小龙 |
| Lenape | 雷纳佩族人 |
| Limbourg brothers | 林堡兄弟 |
| Livy | 李维 |
| Loki | 洛基 |
| Lorenz, Konrad | 洛伦兹，康拉德 |
| *King Solomon's Ring* | 《所罗门王的指环》 |
| Louise, Marie | 路易斯，玛丽 |
| Lowell, James Russell | 洛威尔，詹姆斯·罗素 |
| "Fable for Critics" | 《写给批评家的寓言》 |
| Lugh | 卢 |
| Luria, Isaac | 卢利亚，以撒 |

## M

| | |
|---|---|
| *Mabinogion, The* | 《马比诺吉昂》 |
| "Branwen, Daughter of Llŷr" | 《布兰文，莱尔的女儿》 |
| "Dream of Rhonabwy, The" | 《罗纳布维之梦》 |
| "Peredur, Son of Efrawg" | 《佩雷杜尔，费劳格的儿子》 |
| Mallarmé, Stéphane | 马拉美，斯特凡 |

| | | |
|---|---|---|
| | Manet, Edouard | 马奈，爱德华 |
| | Marzluff, John | 马兹洛夫，约翰 |
| | Mithras | 密特拉神 |
| | Moeris | 摩利士 |
| | Monoceros, Crates | 莫诺塞罗斯，克拉泰斯 |
| | Mopsus | 摩普索斯 |
| | Morgan, J. P. | 摩根，J. P. |
| | Morrigan | 莫里根 |
| | Munin | 穆宁 |
| | Murinbata | 穆林巴塔人 |
| N | Naram-Sin | 纳拉姆辛 |
| | *Natural History* | 《博物志》 |
| | Nootkan Indian | 努特卡印第安人 |
| O | O'Casey, Sean | 奥凯西，肖恩 |
| |     *Green Crow, The* |     《绿乌鸦》 |
| | Octavian | 屋大维 |
| | Odin | 欧丁 |
| | Ovid | 奥维德 |
| |     *Fasti* |     《岁时纪》 |
| | Owein | 奥维恩 |
| | *Owl and the Nightingale, The* | 《猫头鹰与夜莺》 |

P

| | |
|---|---|
| Paiute Indian | 帕尤特印第安人 |
| Pausanius | 普萨尼乌斯 |
| *Guide to Greece* | 《希腊指南》 |
| Pawnee | 波尼族 |
| Penelope | 珀涅罗珀 |
| Phaedrus | 菲德拉斯 |
| Plains Indian | 平原印第安人 |
| Plautus | 普劳图斯 |
| *Comedy of Asses, The* | 《驴的喜剧》 |
| Pliny the Elder | 老普林尼 |
| Plutarch | 普鲁塔克 |
| "On the Use of Reason by Irrational Animals" | 《论非理性动物对理性的运用》 |
| Poe, Edgar Allan | 坡，埃德加·爱伦 |
| "Philosophy of Composition, The" | 《创作哲学》 |
| "Raven, The" | 《乌鸦》 |
| *Poetic Edda* | 《诗体埃达》 |
| Pollux | 帕勒克 |
| Priapus | 普里亚普斯 |
| Proyas, Alex | 普罗亚斯，亚历克斯 |
| Puertes, Louis Agassiz | 普尔特斯，路易斯·阿加西斯 |

| | |
|---|---|
| Sioux | 苏族人 |
| Siva | 湿婆 |
| Sohodo-no-kami | 案山子神 |
| Spenser, Edmund | 斯宾塞，埃德蒙 |
| Suetonius | 苏维托尼亚斯 |

T

| | |
|---|---|
| *Talmud* | 《塔木德经》 |
| Tennyson, Alfred | 丁尼生，阿尔弗雷德 |
| "Locksley Hall" | 《洛克斯利田庄》 |
| Theo | 西奥 |
| Theognis | 忒奥格尼斯 |
| Tiberius | 提比略 |
| Tibullus | 提比鲁斯 |
| Tlingit Indian | 特林吉特印第安人 |
| Todd, Barbara Euphan | 托德，芭芭拉·尤范 |
| Topsell, Edward | 托普赛尔，爱德华 |
| Torga, Miguel | 托尔加，米格尔 |
| "Vincent the Raven" | 《渡鸦文森特》 |
| Tsimshan | 钦西安人 |
| Tulungusaq | 图伦古萨 |
| "Twa Corbies, The" | 《两只乌鸦》 |
| Typhon | 提丰 |

| | | |
|---|---|---|
| U | *Udana* | 《自说经》 |
| | Ut-napishtim | 乌塔那匹兹姆 |
| V | Valerius, Marcus | 瓦勒留斯，马库斯 |
| | van Gogh, Vincent | 梵高，文森特 |
| | *Wheatfield under Threatening Skies with Crows* | 《麦田里的乌鸦》 |
| | Varuna | 伐楼拿 |
| | Veneti | 维尼蒂人 |
| | Verethragna | 乌鲁斯拉格纳 |
| | Vincentio, Duke | 文森特公爵 |
| | Virgil | 维吉尔 |
| | *Georgics* | 《农事诗》 |
| | Vishnu | 毗湿奴神 |
| | von Eschenbach, Wolfram | 冯·埃申巴赫，沃尔夫拉姆 |
| | *Parzifal* | 《帕西法尔》 |
| | von Megenberg, Konrad | 冯·梅根伯格，康拉德 |
| | von Rindscheit | 冯·林斯切特 |
| W | Webb, Mary | 韦布，玛丽 |
| | *Precious Bane* | 《珍贵的灾星》 |
| | White, Gilbert | 怀特，吉尔伯特 |

图书在版编目（CIP）数据

乌鸦 / (美) 博里亚 · 萨克斯著 ; 金晓宇译. -- 南京 : 南京大学出版社, 2019.4（2022.2重印）
书名原文: Crow
ISBN 978-7-305-21275-8

Ⅰ. ①乌… Ⅱ. ①博… ②金… Ⅲ. ①乌鸦－普及读物 Ⅳ. ①Q959.7-49

中国版本图书馆CIP数据核字(2018)第265326号

*Crow* by Boria Sax was first published by Reaktion Books, London, 2003, reissued 2017.

江苏省版权局著作权合同登记 图字：10-2017-611号

出版发行 南京大学出版社
社　　址 南京市汉口路22号　邮编 210093
出 版 人 金鑫荣

书　　名 乌鸦
著　　者 [美] 博里亚 · 萨克斯
译　　者 金晓宇
责任编辑 顾舜若
书籍设计 周伟伟
照　　排 南京紫藤制版印务中心
印　　刷 南京爱德印刷有限公司
开　　本 787×1092 1/32 印张 11.25 字数 150千
版　　次 2019年4月第1版 2022年2月第4次印刷
ISBN 978-7-305-21275-8
定　　价 99.00元

网　　址 http://www.njupco.com
官方微博 http://weibo.com/njupco
官方微信 njupress
销售咨询 025-83594756